Álgebra Lineal

Comité Editorial

Daniel Marín Aragón
Almudena Campos Jiménez

ÁLGEBRA LINEAL

MANUALES
MATEMÁTICAS
Y FÍSICA

Editorial UCA
Universidad de Cádiz

2024

Primera edición: 2024
Edita: Editorial UCA
       C/. Doctor Marañón, 3 - 11002 Cádiz (España)
       publicaciones.uca.es
       publicaciones@uca.es

© Servicic de Publicaciones de la Universidad de Cádiz, 2024

© Daniel Marín Aragón; Almudena Campos Jiménez

Impresión: Tórculo Comunicación Gráfica, S. A.

Impreso en España/*Printed in Spain*

Depósito Legal: CA-162-2024
ISBN papel 978-84-9828-935-0
ISBN versión electrónica 978-84-9828-936-7
La versión pdf es una de las posibles versiones electrónicas, pero no la única

Esta editorial es miembro de la UNE, lo que garantiza
la difusión y comercialización de sus publicaciones a
nivel nacional e internacional.

Índice general

Dedicado a Calíope y Andrómeda.

Agradecimientos

Este libro no habría sido posible sin la ayuda de algunos compañeros; queremos agradecer a Antonio Salas su colaboración en la asignatura, facilitándonos algunos de los ejercicios típicos que se han trabajado a lo largo de cursos anteriores. También queremos darle las gracias a Paco Pacheco, por animarnos siempre a iniciar cualquier proyecto y hacer de nuestro trabajo algo mucho más ameno. También agradecerle a Almudena Márquez su infinita paciencia a la hora de señalarnos las posibles mejoras, erratas y fallos que había a lo largo de los apuntes y ejercicios. Por último, nos gustaría darles las gracias a todos los alumnos que han realizado la asignatura, por hacer que nosotros también aprendamos de ellos a cómo enfocarla y a ver los árboles desde fuera del bosque.

Introducción

El Álgebra es una de las ramas con mayores aplicaciones a problemas actuales que necesitan solución, desde la resolución de sistemas de ecuaciones hasta la búsqueda de nuevos métodos de encriptación para mantener seguras nuestras operaciones en Internet con la futura llegada de los ordenadores cuánticos y algoritmos como el de Shor. Estos últimos también necesitan del Álgebra para funcionar, ya que su unidad de información, el cúbit (o qubit) se representa utilizando matrices. No solo esto, las operaciones con ellos también se realizan usando matrices como la de Hadamard.

En esta obra presentamos conceptos básicos de Álgebra Lineal enfocados, por sus ejemplos, a un curso para Ingeniería Informática, aunque puede servir para cualquier grado de ingeniería o ciencias, ya que aportamos las demostraciones rigurosas de los resultados principales. Además, tras cada bloque se ofrece una relación de ejercicios con su resolución detallada de manera que el estudiante pueda trabajar de forma autónoma. El objetivo principal de este escrito es facilitar al alumnado los conocimientos necesarios (además de otros complementarios) para superar la asignatura mencionada, por lo que se recomienda un primer estudio de los conceptos teóricos y la realización de los ejercicios (siempre intentando hacerlos antes de leer las soluciones que se facilitan) para poder asimilar en su totalidad los conocimientos que abarca este manuscrito.

En el Capítulo 1 introducimos unas nociones básicas sobre las estructuras típicas que se trabajan en Álgebra, como los grupos, cuerpos, anillos, etc. A pesar de no contener una relación de ejercicios propia, estos conceptos se trabajarán de manera intrínseca a lo largo del resto de capítulos, por lo que se recomienda que se entiendan las demostraciones de los resultados expuestos para afianzar la teoría explicada, además de las sugerencias sobre demostraciones dejadas para el lector, que le ayudarán a familiarizarse con las definiciones y terminología usada. En los Capítulos 2 y 3 realizamos un repaso formal sobre matrices y determinantes, donde muchos de los conceptos son tratados con anterioridad en el instituto, al igual que en el Capítulo 4, donde se presentan distintos métodos para la resolución de sistemas de ecuaciones lineales y cuyo resultado principal nos facilita saber cuándo éstos tienen o no solución y de qué tipo son dichas soluciones. Los Capítulos 5 y 6 introducen conceptos básicos sobre espacios vectoriales (por ejemplo, qué es una base o un subespacio) y finalizan con una relación de ejercicios algo más teórica con el objetivo de practicar estos conceptos que pueden resultar más abstractos para el estudiante. A lo largo del Capítulo 7 se estudian las nociones de aplicación lineal y sus propiedades, además de la relación que hay entre éstas y el conjunto de las matrices. En el Capítulo 8, se introduce un concepto básico en Álgebra Lineal, el de producto escalar, que dará pie al estudio de otros de igual importancia, como la definición de norma o de ortogonalidad. Por último, en el Capítulo 9, se explica el formalismo detrás del proceso de diagonalización de una matriz. De forma adicional, se presentan dos apéndices: en el primero donde se muestra cómo utilizar el lenguaje de programación Python para realizar algunas de las operaciones y los procedimientos presentados a lo largo del manual; en el segundo se pueden encontrar las soluciones a todos los ejercicios propuestos.

Capítulo 1

Estructuras algebraicas básicas

Empezamos este viaje hacia el Álgebra Lineal sin nada. En esta primera parada, obtendremos conjuntos y los dotaremos de operaciones entre sus elementos. Esto, que puede parecer sencillo, nos permite definir distintas estructuras algebraicas, las cuales crean una rama dentro del Álgebra conocida como Álgebra Moderna o Abstracta que comenzó a desarrollarse a partir del siglo XIX con trabajos como los de Galois o Cayley. En este capítulo estudiaremos conjuntos y aplicaciones, grupos y anillos, para acabar con la definición de cuerpo. Como se ha dicho anteriormente, el estudio de todas estas estructuras daría para varios libros, por lo que hemos incluido aquí solamente los resultados más básicos que nos serán útiles para el desarrollo posterior de estructuras más complejas.

En este capítulo podremos conocer:

- El problema del pirata: Cómo averiguar el valor inicial de una cantidad sabiendo cómo varía el resto de dividirla entre números conocidos.

- El algoritmo RSA: Uno de los algoritmos más conocidos para encriptar y desencriptar mensajes, desarrollado en 1079 y que sigue siendo seguro.

1.1. Conjuntos

1.1.1. Introducción

En lo sucesivo, un «conjunto» será una colección de objetos a los que denominaremos «elementos». Es posible que en esta colección no exista ningún elemento, nos encontraremos entonces ante el conjunto vacío, que se denota por $\emptyset$. Si un elemento a forma parte de la colección de elementos del conjunto A diremos que «a pertenece a A» y escribiremos $a \in A$.

Algunos conjuntos de especial relevancia son: $\emptyset$; el conjunto de los números naturales, $\mathbb{N}$; el conjunto de los números enteros, $\mathbb{Z}$; el conjunto de los números racionales, $\mathbb{Q}$; y el conjunto de los números reales, $\mathbb{R}$.

Un conjunto puede venir dado por:

- Extensión: si damos todos sus elementos. En este caso, escribiremos dichos elementos entre llaves y separados por coma. Por ejemplo: $\{0, 1, 2, 3\}$.

- Compresión: si damos las propiedades de los elementos. En este caso se suelen utilizar los símbolos ':' o '|' para denotar dicha regla. Por ejemplo: el conjunto de los números naturales pares es $\{n : n \in \mathbb{N}$ y n es par$\} = \{2n \mid n \in \mathbb{N}\}$.

Notemos que $\{\emptyset\} \neq \emptyset$. El primero es un conjunto con un elemento, el conjunto vacío, mientras que el segundo es un conjunto sin elementos.

Definición 1.1.1. Dados dos conjuntos, A y B, diremos que A es un **subconjunto** de B si se verifica que todo elemento de A pertenece también a B. En este caso escribiremos $A \subseteq B$. Podemos utilizar notación algebraica para dar esta definición escribiendo:

$$A \subseteq B \iff (\forall x \in A \implies x \in B).$$

Diremos que $A = B$ si $A \subseteq B$ y $B \subseteq A$. Usando la definición de subconjunto veamos ahora cómo podemos construir un conjunto nuevo a partir de uno dado. Notemos que en la literatura se suele usar de manera indistinta $\subset$ y $\subseteq$ para indicar lo mismo.

Definición 1.1.2. Sea A un conjunto, el **conjunto de las partes** de A, también conocido como «conjunto potencia», es aquel cuyos elementos son todos sus subconjuntos. Se denota por $\mathcal{P}(A)$. En notación algebraica: $\mathcal{P}(A) = \{B \mid B \subseteq A\}$.

Veamos un ejemplo para aclarar esta definición. Si consideramos como $A = \{1, 2, 3\}$, entonces el conjunto de las partes de A será $\mathcal{P}(A) = \{\emptyset, \{1\}, \{2\}, \{3\}, \{1, 2\}, \{1, 3\}, \{2, 3\}, \{1, 2, 3\}\}$.

Definición 1.1.3. Se denomina **cardinal** de un conjunto A al número de elementos de A. Se suele denotar por $|A|$ o por $\#A$.

El cardinal de un conjunto puede ser un número natural o infinito. En el primero de los casos diremos que el conjunto es finito. El segundo caso da para una línea de investigación completa llena de situaciones aparentemente paradójicas como por ejemplo $|\mathbb{N}| = |\mathbb{Z}| = |\mathbb{Q}| < |\mathbb{R}|$. Notemos también que siempre se verifica que $|\mathcal{P}(A)| > |A|$, por lo que no puede existir el conjunto formado por todos los conjuntos ya que ningún conjunto puede contener a sus partes.

Proposición 1.1.4. *Sea A un conjunto tal que $|A| = n$, $n \in \mathbb{N}$. Entonces $|\mathcal{P}(A)| = 2^n$.*

Para esta demostración utilizamos el concepto de aplicación que no aparece definido hasta la Sección 1.1.3 por lo que, si el lector no está familiarizado con este concepto puede volver aquí tras leer dicha sección.

Demostración. Notemos que para todo $B \subseteq A$ podemos asignarle la aplicación $f_B : A \rightarrow \{1, 0\}$ definida de la siguiente manera:

$$f_B(x) = \begin{cases} 1 & \text{si } x \in B \\ 0 & \text{si } x \notin B \end{cases}.$$

Como a cada elemento de A le podemos asignar dos valores, (0 ó 1) y tenemos que $|A| = n$, entonces existen 2^n aplicaciones como la anterior. Puesto que cada una correspondería a un subconjunto, tenemos el resultado. $\square$

A continuación, veremos algunas de las operaciones básicas que podemos realizar con conjuntos.

Definición 1.1.5. Sean A y B dos conjuntos. Definimos:

- la **intersección** de ambos, denotada por $A \cap B$, como el conjunto que contiene los elementos comunes de ambos.

- la **unión** de ambos, denotada por $A \cup B$, como el conjunto que contiene los elementos que están en, al menos, uno de ellos.

- la **diferencia** de A y B, se denota por $A \setminus B$ y es un subconjunto de A formado por los elementos que no están en B.

- el **producto cartesiano** de ambos como el conjunto de pares (a, b) tales que $a \in A$ y $b \in B$.

Con notación algebraica, la definición anterior queda de la siguiente manera:

- $A \cap B = \{x \mid x \in A \text{ y } x \in B\}$,

- $A \cup B = \{x \mid x \in A \text{ ó } x \in B\}$,

- $A \setminus B = \{x \in A \mid x \notin B\}$,

- $A \times B = \{(a, b) \mid a \in A, b \in B\}$.

Cerramos esta sección con algunas de las propiedades de estas operaciones.

Proposición 1.1.6. *Sean* A, B *y* C *conjuntos. Se verifica que:*

- $A \cup B = B \cup A$.

- $A \cap B = B \cap A$.

- $A \cup (B \cup C) = (A \cup B) \cup C$.

- $A \cap (B \cap C) = (A \cap B) \cap C$.

- $A \cup (B \cap C) = (A \cup B) \cap (A \cup C)$.

- $A \cap (B \cup C) = (A \cap B) \cup (A \cap C)$.

La demostración de esta proposición es directa de la Definición 1.1.5 y queda propuesta para el lector.

1.1.2. Relaciones

Habiendo visto ya qué son los conjuntos y cómo trabajar con ellos, en esta sección estudiaremos las relaciones entre sus elementos y las características de las mismas.

Definición 1.1.7. Dados A y B dos conjuntos, una **relación** R es un subconjunto de $A \times B$.

Cuando hablamos de relaciones solemos utilizar una notación especial. Si $(a, b) \in R$, decimos que «a está relacionado con b» y se suele escribir aRb. Veamos algunas de las propiedades que podemos encontrar cuando trabajamos con relaciones.

Definición 1.1.8. Sea X un conjunto y consideremos una relación $R \subset X \times X$. Diremos que R es:

- **reflexiva** si para todo $x \in X$ se verifica que xRx.

- **simétrica** si para todo $x, y \in X$ tales que xRy entonces yRx.

- **antisimétrica** si para todo $x, y \in X$ tales que xRy e yRx se verifica que $x = y$.

- **transitiva** si para todo $x, y, z \in X$ tales que xRy e yRz se verifica que xRz.

Gracias a estas propiedades, podemos definir distintos tipos de relaciones según verifiquen unas u otras. A continuación hablaremos brevemente de dos: las relaciones de orden y las relaciones de equivalencia.

Definición 1.1.9. Una **relación de orden** es aquella que verifica las propiedades reflexiva, antisimétrica y transitiva.

Podemos clasificar las relaciones de orden en dos tipos:

- Relación de orden total: Si para todo $x, y \in A$ se verifica que xRy o yRx.

- Relación de orden parcial: Si la relación no es total.

Por ejemplo, la relación «ser menor o igual que» en los números enteros es una relación de orden total mientras que la relación «divide a» es de orden parcial.

Definición 1.1.10. Una **relación de equivalencia** es aquella reflexiva, simétrica y transitiva.

Este tipo de relaciones son muy útiles, ya que nos permiten estudiar estructuras más complejas. Dicho estudio se sale de lo que se pretende en este volumen, por lo que solo daremos un par de pinceladas más con carácter ilustrativo.

Definición 1.1.11. Sea X un conjunto y $R \subset X \times X$ una **relación de equivalencia**. Definimos la clase de equivalencia de $x \in X$ como el conjunto $[x]_R = \{a \in X \mid aRx\}$.

Podemos también definir el conjunto de todas las clases de equivalencia de un conjunto X con una relación de equivalencia R. Este conjunto denotado por X/R se denomina conjunto cociente. En la sección 1.3 veremos un ejemplo de este tipo de conjuntos.

1.1.3. Aplicaciones

Uno de los objetos más importantes con los que vamos a trabajar son las aplicaciones. En esta sección daremos su definición y veremos algunas de sus propiedades.

Definición 1.1.12. Sean A y B dos conjuntos. Una **aplicación** $f \subset A \times B$ es una relación tal que para todo $a \in A$ existe un único $b \in B$ de manera que $(a, b) \in f$.

Usualmente, una aplicación como la de la definición anterior suele denotarse como $f : A \rightarrow B$ y la relación entre dos elementos, en este caso se expresa como $f(a) = b$. El conjunto A se denomina dominio de f y se denota como $Dom(f)$.

Usando esta misma notación, decimos que b es la imagen de a. Notemos que decimos «la» ya que esta es única. Podemos definir también la preimagen de b de la siguiente manera $f^{-1}(b) = \{a \in A \mid f(a) = b\}$. En este caso no tenemos un elemento, sino un conjunto.

Estas definiciones podemos extenderlas a conjuntos de la siguiente manera. Si $X \subset A$, la imagen de X es el conjunto $f(X) = \{f(x) \mid x \in X\}$. Análogamente, si $Y \subset B$ definimos la preimagen de Y como $f^{-1}(Y) = \{a \in A \mid f(a) \in Y\}$. Al conjunto $f(A)$ se le suele denotar también como $Im(f)$ y se llama conjunto imagen de f.

Proposición 1.1.13. *Sean X, Y conjuntos y $f : X \rightarrow Y$ una aplicación. Si $A, B \subset X$ y $C, D \subset Y$ se verifica que:*

- $f(A \cup B) = f(A) \cup f(B)$.

- $f(A \cap B) \subset f(A) \cap f(B)$.

- $A \subset f^{-1}(f(A))$.

- $f^{-1}(C \cup D) = f^{-1}(C) \cup f^{-1}(D)$.

- $f^{-1}(C \cap D) = f^{-1}(C) \cap f^{-1}(D)$.

- $f(f^{-1}(C)) \subset C$.

La demostración de esta proposición es directa y se deja como ejercicio para el lector. Veamos ahora que propiedades puede tener una aplicación.

Definición 1.1.14. Sea $f : A \rightarrow B$ una aplicación entre los conjuntos A y B. Diremos que f es

- **inyectiva** si para todo $a, b \in A$ tales que $f(a) = f(b)$ se verifica que $a = b$,

- **sobreyectiva** si $f(A) = B$,

- **biyectiva** si es inyectiva y sobreyectiva.

Finalmente, notemos que podemos utilizar aplicaciones de maneras sucesivas. Si $f : A \to B$ y $g : C \to D$ son dos aplicaciones tales que $Im(f) \subset Dom(g)$, podemos definir una tercera aplicación h como la composición de ambas. Esto se denota como $h = g \circ f$ y se define de la siguiente manera $h(x) = g \circ f(x) = g(f(x))$. Esta operación no conmutativa nos permite definir la aplicación inversa como veremos a continuación.

Definición 1.1.15. Sean A y B conjuntos y $f : A \to B$ y $g : B \to A$ aplicaciones entre ellos. Diremos que f y g son **aplicaciones inversas** una de la otra si $(f \circ g)(b) = b$ y $(g \circ f)(a) = a$, para cualesquiera $a \in A$, $b \in B$.

Una propiedad muy importante de la aplicación inversa es la siguiente.

Proposición 1.1.16. *Si una aplicación tienen inversa, ésta es única.*

Demostración. Supongamos que $f : A \to B$ tuviera dos aplicaciones inversas, $f_1 : B \to A$ y $f_2 : B \to A$. Entonces, para todo $a \in A$, $f_1(f(a)) = f_2(f(a))$. Como f es biyectiva, para cada $b \in B$ existe a tal que $f(a) = b$, por tanto, $f_1(f(a)) = f_2(f(a))$ (usando la definición de inversa), es decir, $f_1(b) = f_2(b)$ para todo $b \in B$. Así, $f_1 = f_2$. □

Usualmente denotaremos a la aplicación inversa de f con el símbolo f^{-1}. Tenemos que tener cuidado con esta notación ya que f^{-1} en este contexto no quiere decir $1/f$.

1.2. Magmas, semigrupos y monoides

Hasta ahora hemos visto cómo trabajar con conjuntos. A continuación nos centraremos en sus elementos para dotarlos de estructuras más complejas. Para ello en primer lugar necesitamos el concepto de operación.

Definición 1.2.1. Sea X un conjunto. Una **operación binaria interna** o ley de composición binaria interna es una aplicación $\star : X \times X \to X$.

Con esta operación interna, ya podemos definir nuestra primera estructura algebraica.

Definición 1.2.2. Un **magma** es un par $(M, \star)$ donde $M \neq \emptyset$ y $\star$ es una operación binaria interna.

Un ejemplo de magma es la estructura $(M, \star)$ donde $M = \{\square, \diamond, \bullet\}$ y la operación $\star : M \times M \to M$ viene definida por la siguiente tabla

$\star$	$\square$	$\diamond$	$\bullet$
$\square$	$\bullet$	$\diamond$	$\diamond$
$\diamond$	$\square$	$\bullet$	$\square$
$\bullet$	$\bullet$	$\square$	$\diamond$

Cuando utilizamos este tipo de operaciones, en lugar de escribir, por ejemplo, $\star(\diamond, \square)$ escribiremos $\diamond \star \square$. Podemos apreciar en esta tabla que $\diamond \star \square = \square \neq \diamond = \square \star \diamond$. Además, tenemos que $(\diamond \star \square) \star \square = \square \star \square = \bullet \neq \square = \diamond \star \bullet = \diamond \star (\square \star \square)$.

Por lo tanto, vemos que en general no podemos cambiar el orden en el que operamos ni tampoco agrupar términos de forma arbitraria. Para poder realizar estas acciones tendremos que imponer estas propiedades a las operaciones con las que trabajemos.

Definición 1.2.3. Sea X un conjunto y $\star : X \times X \to X$ una operación binaria interna. Diremos que $\star$ es:

- **conmutativa** si para todo $a, b \in X$ se verifica que $a \star b = b \star a$.

- **asociativa** si para todo $a, b, c \in X$ se verifica $a \star (b \star c) = (a \star b) \star c$.

Con estas propiedades podemos definir una estructura algo más compleja.

Definición 1.2.4. Un **semigrupo** es un par $(S, \star)$ donde $S \neq \emptyset$ y $\star$ es una operación binaria interna que verifica la propiedad asociativa.

Un ejemplo de semigrupo bien conocido es $(\mathbb{N} \setminus \{0\}, +)$ donde $\mathbb{N} \setminus \{0\} = \{1, 2, 3, 4, \ldots\}$ y $+$ es la suma usual. Veamos ahora un elemento que va a ser clave en lo sucesivo.

Definición 1.2.5. Sea X un conjunto y $\star : X \times X \to X$ una operación binaria interna. Diremos que $e \in X$ es el **elemento neutro** de $\star$ si para todo $x \in X$ se verifica que $e \star x = x \star e = x$.

Notemos que en la definición anterior, decimos que es «el» elemento neutro y no «un» elemento neutro ya que de existir dicho elemento, éste es único como prueba la siguiente proposición.

Proposición 1.2.6. *Sea* $(X, \star)$ *un magma y sea* $x, y \in X$ *elementos neutros de* $\star$*, entonces* $x = y$.

Demostración. Como x es un elemento neutro, tenemos que $x \star y = y \star x = y$. Por otra parte, como y es un elemento neutro, $y \star x = x \star y = x$. Por lo tanto, concatenando ambas igualdades tenemos que $x = y$. □

Utilizando este nuevo elemento, tenemos una estructura un poco más rica, el monoide.

Definición 1.2.7. Un **monoide** es un par $(H, \star)$ donde $H \neq \emptyset$, $\star$ es una operación binaria interna que verifica la propiedad asociativa y además existe $e \in H$ tal que es el elemento neutro de la operación $\star$.

Un ejemplo de monoide es $(\mathbb{N}, +)$ donde $\mathbb{N} = \{0, 1, 2, 3, 4, \ldots\}$, $+$ es la suma usual y el elemento neutro es, en este caso, el elemento 0. Otro monoide es $(\mathbb{N} \setminus \{0\}, \cdot)$ donde $\cdot$ denota al producto usual, en este caso, el elemento neutro sería 1.

1.3. Grupos, anillos y cuerpos

Para seguir construyendo estructuras cada vez más complejas, necesitamos definir nuevas propiedades.

Definición 1.3.1. Sea $(H, +)$ un monoide, $e \in H$ el **elemento neutro** y $a, a' \in H$. Diremos que a es el opuesto o inverso de a' si $a + a' = a' + a = e$.

Notemos que, al igual que cuando hablamos del elemento neutro, hemos definido «el inverso» y no «un inverso», ya que este elemento de existir es único como prueba la siguiente proposición.

Proposición 1.3.2. *Sea $(H, \star)$ un monoide, si $a \in H$ tiene inverso, éste es único.*

Demostración. Supongamos que $\bar{a}$ y $\bar{\bar{a}}$ son inversos de a. Se verifica entonces que $a \star \bar{a} = e$, por lo tanto, $\bar{\bar{a}} \star a \star \bar{a} = \bar{\bar{a}} \star e$ y así, $e \star \bar{a} = \bar{\bar{a}}$. Luego $\bar{a} = \bar{\bar{a}}$. $\qquad\square$

Si cada elemento distinto del neutro de un monoide tiene inverso, entonces nos encontraremos ante un grupo.

Definición 1.3.3. Un **grupo** es un monoide $(G, \star)$ tal que para todo $a \in G$ existe $a' \in G$ verificando $a \star a' = a' \star a = e \in G$, siendo e el elemento neutro de la operación.

Si la operación verifica la propiedad conmutativa, es decir, que $a \star b = b \star a$ diremos que el grupo es «*conmutativo o abeliano*». Algunos ejemplos de grupos son $(\mathbb{Z}, +)$ o $(\mathbb{R} \setminus \{0\}, \cdot)$. Otras familias de grupos son la siguiente $(\mathbb{Z}_m, \oplus)$ con $m \in \mathbb{N}$, $m \geq 2$. Esta familia merece que le dediquemos nuestra atención un momento ya que para poder comprenderla necesitamos el concepto de congruencia.

Definición 1.3.4. Sean $a, b, m \in \mathbb{Z}$. Diremos que a es **congruente** con b módulo m si tienen el mismo resto al dividirlos entre m y escribiremos $a \equiv b \pmod{m}$.

Por ejemplo, $1 \equiv 13$ mód 12. Con esta idea en mente, dado $x \in \mathbb{Z}$, denotaremos por $[x]_m = \{a \in \mathbb{Z} \mid a \equiv x \ (\text{mód } m)\}$ y $\mathbb{Z}_m = \{[i]_m \mid 0 \leq i \leq m-1\}$. Finalmente, $\oplus$ es una operación interna definida de la siguiente manera: $[a]_m \oplus [b]_m = [a+b]_m$. Un detalle que debemos notar y que nos ayudará a operar es que $[a+km]_m = [a]_m$. Es más $[a]_m = \{\ldots a-5m, a-4m, a-3m, a-2m, a-m, a, a+m, a+2m, a+3m, a+4m, a+5m+\ldots\}$.

Esto, que a priori puede parecer complicado, es algo que hacemos cada día cuando miramos un reloj. Cuando son las diez de la mañana y acabamos las clases en tres horas decimos que salimos a la una, en lugar de decir que salimos a las 13. Estamos trabajando sin darnos cuenta con congruencias módulo doce. Veamos esto un poco más en detalle estudiando el grupo $(\mathbb{Z}_{12}, \oplus)$. Tenemos que $\mathbb{Z}_{12} = \{[0]_{12}, [1]_{12}, [2]_{12}, [3]_{12}, [4]_{12}, [5]_{12}, [6]_{12}, [7]_{12}, [8]_{12}, [9]_{12}, [10]_{12}, [11]_{12}\}$. Si volvemos al ejemplo de las horas se verifica que $[10]_{12} \oplus [3]_{12} = [13]_{12}$ y como hemos visto anteriormente $[13]_{12} = [13-12]_{12} = [1]_{12}$.

Volviendo a los grupos en general, el hecho de que estas estructuras tengan inverso nos permite trabajar de manera sencilla con igualdades.

Proposición 1.3.5 (Ley de cancelación). *Sea* $(G, \star)$ *un grupo,* $a, b, c \in G$. *Si* $a \star b = a \star c$ *entonces* $b = c$.

Demostración. Ya que G es un grupo, existe $a' \in G$ verificando que $a' \star a$ es el elemento neutro. Por tanto, $a \star b = a \star c$ y $a'a \star b = a'a \star c$. Ergo, $b = c$. $\qquad\square$

Proposición 1.3.6 (Solución de una ecuación lineal). *Sea* $(G, \star)$ *un grupo,* $a, b \in G$. *La ecuación* $a \star x = b$ *tiene solución única en* G. *Dicha solución es* $x = a' \star b$ *siendo* a' *el inverso de* a.

Demostración. Basta multiplicar por a' ambos miembros de la igualdad. $\qquad\square$

Notemos que las proposiciones anteriores no son ciertas en general. Por ejemplo, consideremos el monoide $(\mathbb{R}, \cdot)$, $a, b, c \in \mathbb{R}$. De la igualdad $ab = ac$ no podemos deducir que $b = c$, ya que podría ser $a = 0$ y $b \neq c$.

Cuando trabajamos con grupos, las aplicaciones más interesantes son las conocidas como homomorfismos o solamente morfismos.

Definición 1.3.7. Dados dos grupos $(G, +)$ y $(H, *)$, una aplicación $\phi : G \to H$ se dice que es un **homomorfismo de grupos** si respeta la operación, es decir, para cualquier par de elementos $a, b \in G$ se verifica que $\phi(a + b) = \phi(a) * \phi(b)$.

Hasta ahora hemos estado trabajando con conjuntos con una única operación. A continuación, introducimos una segunda operación para definir estructuras más ricas.

Definición 1.3.8. Un **anillo** es una tupla $(R, \oplus, \otimes)$ tal que $(R, \oplus)$ es un grupo abeliano, $(R, \otimes)$ es un monoide y para todo $a, b, c \in R$ se verifican $a \otimes (b \oplus c) = a \otimes b \oplus a \otimes c$ y $(b \oplus c) \otimes a = b \otimes a \oplus c \otimes a$.

Algunos ejemplos de anillos podrían ser $(\mathbb{Z}, +, \cdot)$ o $(\mathbb{Z}_m, \oplus, \otimes)$. En este último caso, la operación $\otimes$ se define de la siguiente manera: $[a]_m \otimes [b]_m = [ab]_m$. Otro anillo muy utilizado es el anillo de polinomios. Si $(R, \oplus, \otimes)$ es un anillo y x, una variable, podemos definir el anillo de polinomios como $(R[x], \oplus, \otimes)$ donde $R[x] = \{a_0 + a_1 x + a_2 x^2 + \ldots + a_n x^n \mid n \in \mathbb{N}, a_0, a_1, \ldots, a_n \in R\}$.

Proposición 1.3.9. *Sea $(R, \oplus, \otimes)$ un anillo y sea $e_\oplus$ el elemento neutro de $\oplus$ entonces para todo $x \in R$ $x \otimes e_\oplus = e_\oplus \otimes x = e_\oplus$.*

Demostración. Notemos que $e_\oplus = e_\oplus \oplus e_\oplus$. Así, $x \otimes e_\oplus = x \otimes (e_\oplus \oplus e_\oplus) = (x \otimes e_\oplus) \oplus (x \otimes e_\oplus)$. Como $(R, \oplus)$ es un grupo, si denotamos por $-(x \otimes e_\oplus)$ al opuesto de $(x \otimes e_\oplus)$ tenemos que $-(x \otimes e_\oplus) \oplus (x \otimes e_\oplus) = -(x \otimes e_\oplus) \oplus (x \otimes e_\oplus) \oplus (x \otimes e_\oplus)$ Por tanto, $e_\oplus = x \otimes e_\oplus$. De forma análoga se demuestra que $e_\oplus = e_\oplus \otimes x$. $\square$

Un subconjunto con buenas propiedades dentro de los anillos son los ideales.

Definición 1.3.10. Sea $(R, \oplus, \otimes)$ un anillo. Diremos que $I \subset R$ es un **ideal** si para todo $x, y \in I$, $z \in R$ se verifica que $x \oplus y \in I$ y $x \otimes z \in I$.

Realmente, la definición anterior es la de *ideal por derecha*. Si la segunda propiedad hubiera sido $z \otimes x \in I$, hablaríamos de ideal por la izquierda y si ambas fueran ciertas, sería un ideal por ambos lados o ideal a secas. Por ejemplo, si $m \in \mathbb{Z}$ y denotamos por $m\mathbb{Z}$ al conjunto de los múltiplos de m, tenemos que $m\mathbb{Z}$ es un ideal de $(\mathbb{Z}, +, \cdot)$.

Se puede dar también una definición de homomorfismo de anillos de manera análoga a como se hizo para grupos, sólo que en este caso la aplicación tendrá que respetar las dos operaciones que están definidas en los anillos.

Definición 1.3.11. Sean $(R_1, \oplus, \otimes)$ y $(R_2, \star, \diamond)$ dos anillos y $e_1 \in R_1$, $e_2 \in R$ los elementos neutros de $\otimes$ y $\diamond$, respectivamente. Una aplicación $f : R_1 \rightarrow R_2$ es un **homomorfismo de anillos** si para cualesquiera $a, b \in R_1$ se verifica:

- $f(a \oplus b) = f(a) \star f(b)$.

- $f(a \otimes b) = f(a) \diamond f(b)$.

- $f(e_1) = e_2$.

Un ejemplo de morfismo es la aplicación $f : \mathbb{Z} \rightarrow \mathbb{Z}_{12}$ definida por $f(x) = [x]_{12}$. Los homomorfismos que son biyectivos, se denomina *isomorfismos* y son una herramienta clave cuando estudiamos teoría de grupos.

Al igual que los grupos nos permiten resolver algunos tipos de ecuaciones, si a los anillos les pedimos algunas propiedades extras podremos sacar información de igualdades del tipo $ab = e_{\oplus}$, donde $e_{\oplus}$ es el neutro de la operación $\oplus$. Estamos acostumbrados, por trabajar con números reales, a que de la igualdad $ab = 0$ se tiene que $a = 0$ ó $b = 0$, sin embargo, en general, no podemos afirmar mucho de este tipo de igualdades. Consideremos el anillo $(Z_{12}, \oplus, \otimes)$, tenemos que $[3]_{12}[4]_{12} = [0]_{12}$ pero $[3]_{12} \neq [0]_{12}$ y $[4]_{12} \neq [0]_{12}$. Este tipo de elementos son los que se conocen como divisores de cero.

Definición 1.3.12. Sea $(R, \oplus, \otimes)$ un anillo. Diremos que $a \in R$ es un **divisor de cero** si existe $b \in R$ tal que $a \otimes b = e_{\oplus}$.

Definición 1.3.13. Sea $(R, \oplus, \otimes)$ un anillo. Si el único elemento divisor de cero es $e_\oplus$ entonces $(R, \oplus, \otimes)$ un **dominio**.

Algunos ejemplos de dominios son $(\mathbb{Z}, +, \cdot)$ y $(\mathbb{Z}_3, \oplus, \otimes)$. Veamos ahora la última estructura que veremos en esta sección.

Definición 1.3.14. Un **cuerpo** es un anillo $(\mathbb{K}, \oplus, \otimes)$ tal que $(\mathbb{K}^*, \otimes)$ es un grupo abeliano con $\mathbb{K}^* = \mathbb{K} \setminus \{e_\oplus\}$.

Un matiz que tenemos que tener cuenta es que los cuerpos no tienen divisores de cero. Algunos ejemplos con los que estamos acostumbrados a trabajar son $(\mathbb{Q}, +, \cdot)$ y $(\mathbb{R}, +, \cdot)$. Unos cuerpos que tenemos que destacar son los conocidos como *cuerpos finitos* de la familia $(\mathbb{Z}_p, \oplus, \otimes)$ con $p \in \mathbb{N}$, p un número primo. Estos cuerpos tienen gran relevancia hoy día en criptografía, por ejemplo, el algoritmo RSA se basa en ellos.

1.4. Aplicaciones

A continuación veremos dos aplicaciones de la teoría vista. La primera es un problema clásico, conocido como el problema del pirata, donde sabiendo que unas monedas de oro se reparten entre un número de personas conocido y el número de monedas que sobran, podemos averiguar cuantas de estas había originalmente. El segundo es una aplicación a la criptografía: el algoritmo RSA.

1.4.1. Problema del pirata

Siete piratas deciden repartir a partes iguales los doblones de oro que han obtenido en su último asalto. Sin embargo, sobran seis monedas y estalla una pelea por estas últimas monedas en la que fallece uno de los piratas. Al hacer de nuevo el reparto sobran dos doblones por lo que vuelven a pelear muriendo otro pirata. En el tercer reparto sobra otra moneda y

muere un tercer pirata y tras esto ya es posible hacer el reparto de manera equitativa. Sabiendo esto, ¿cuántas monedas hay?

Si llamamos x al número de monedas existentes, el enunciado puede escribirse de la siguiente manera:

$$\begin{cases} x & \equiv & 6 & \text{mód } 7 \\ x & \equiv & 2 & \text{mód } 6 \\ x & \equiv & 1 & \text{mód } 5 \\ x & \equiv & 0 & \text{mód } 4 \end{cases}$$

De la primera ecuación tenemos que $x = 7m_1 + 6$, para algún m_1, por lo que $7m_1 + 6 \equiv 2$ mód 6. Sustituyendo en la segunda ecuación, $7m_1 \equiv 2$ mód 6, o lo que es equivalente $m_1 \equiv 2$ mód 6. Así, $m_1 = 6m_2 + 2$ y $x = 42m_2 + 20$ para algún m_2.

Si repetimos este procedimiento, obtenemos que $m_2 = 5m_3 + 3$ y $m_3 = 4m_4 + 1$. Por tanto, concluimos que $x = 840m_4 + 356$ con $m_4 \in \mathbb{Z}$.

Para profundizar más en problemas similares recomendamos consultar el Teorema Chino de los Restos.

1.4.2. Algoritmo RSA

El algoritmo RSA, cuyo nombre proviene de sus inventores: Rivest, Shamir y Adleman, nos permite cifrar mensajes utilizando descomposiciones de números en números primos. Como este proceso de factorización es costoso computacionalmente, el algoritmo es seguro. Sin embargo, la llegada de la computación cuántica (algoritmo de Shor) puede poner en jaque a los sistemas basados en este algoritmo. Aunque para una explicación rigurosa del mismo es necesario tener conocimienos de aritmética modular y conocer las propiedades de la función de Euler, daremos aquí una breve explicación autocontenida.

Sean p y q dos números distintos, y denotamos por m al número $(p-1) \cdot (q-1)$ y por n a $p \cdot q$. A continuación elegimos e verificando que $e < m$ y que sea coprimo con m. Finalmente, calculamos d verificando que $e \cdot d \equiv 1$ mód m. Así, la clave pública del sistema, es decir, lo que tenemos que pasar a aquellos que queramos que nos escriban, es (n, e), mientras que la clave privada, la que nos sirve para desencriptar el mensaje y hay que mantener oculta es (n, d).

Veamos un ejemplo de como funciona. Supongamos que Alice quiere recibir mensajes encriptados. Para ello, elige dos números primos, el 11 y el 13, por ejemplo, y construye $n = 143$ y $m = 120$. Después de esto, elige $e = 7$ y ya puede comunicar a su amigo Bob su clave pública, $(143, 7)$. Para su clave privada, tiene que ir multiplicando números por e hasta encontrar uno cuyo producto sea 1 módulo 120, en este caso, $d = 103$. Así, su clave privada es $(143, 103)$. Ahora Bob ya puede enviarle un mensaje de manera segura. Supongamos que quiere mandarle de forma segura que tiene tres hermanos. Para ello, simplemente eleva su mensaje a e y envía a Alice este resultado módulo n. Es decir, esta recibiría 3^7 mód $143 = 42$ mód 143. Cuando quiera descifrar el mensaje de su amigo, Alice solo tiene que elevar lo que le llega a d y calcularlo módulo n. Así, si realiza 42^{103} mód 143 obtiene 3 mód 143, que es precisamente el número de hermanos de Bob.

Como se puede notar, dado que n es un número público, si alguien fuera capaz de descomponer n en p y q, sería capaz de calcular d y podría descifrar el código. Por eso es necesario que estos primos sean grandes.

Capítulo 2

Matrices

Las matrices son fundamentales en cualquier ciencia: nos permiten distribuir mercancías entre fabricantes y tiendas de manera óptima, también son parte de los filtros que usamos al subir nuestras fotos a las redes sociales, incluso las propias fotos son matrices de píxeles con información del color. Las podemos encontrar igualmente en problemas de optimización con más de una variable y en el modelado de la quilla de un yate, tras capas de ecuaciones diferenciales. En este tema veremos qué son y cómo podemos empezar a trabajar con ellas.

En este capítulo podremos conocer:

- Computación cuántica: Pasaremos de los bits, a los cúbits, es decir, de ceros y unos a matrices columnas que se operan multiplicándolas por matrices cuadradas unitarias.

- Tratamiento de imágenes: Una fotografía no es más que una matriz de píxeles, los cuales según su color, tienen asociados números. Sabiendo manipular matrices seremos capaces de manipular las imágenes.

2.1.   El anillo de matrices

Una matriz es una colección de elementos ordenados en filas y columnas. Si $(\mathbb{K}, \oplus, \otimes)$ es un cuerpo, denotamos por $\mathcal{M}_{m \times n}(\mathbb{K})$ al conjunto de las matrices con m filas y n columnas con entradas en $\mathbb{K}$. En esta sección veremos como podemos dotar a este conjunto de las operaciones necesarias para darle estructura de anillo. Para ello es necesario primero fijar la notación que vamos a seguir.

Sea $A \in \mathcal{M}_{m \times n}(\mathbb{K})$. Denotaremos por a_{ij} al elemento que se encuentra en la fila i y en la columna j. Introducimos ahora el símbolo $\sum$ que significa sumatorio y que utilizaremos ampliamente en este capítulo. En la parte inferior del mismo se indica el índice junto con el menor valor que toma y en la parte superior se escribe el valor máximo. Por ejemplo, $\sum_{n=5}^{7} n^2$ significa que vamos a ir sumando los cuadrados de todos los números entre 5 y 7, es decir, $\sum_{n=5}^{7} n^2 = 5^2 + 6^2 + 7^2$.

Con esta notación, si $A = \begin{pmatrix} 1 & 7 \\ 3 & 4 \end{pmatrix}$, el término $a_{21} = 3$ y la suma de los elementos de la primera fila sería $\sum_{j=1}^{2} a_{1j} = a_{11} + a_{12} = 1 + 7 = 8$.

Ahora que hemos fijado la notación, pasaremos a ver como podemos definir operaciones en el conjunto de las matrices. Sean $A, B \in \mathcal{M}_{m \times n}(\mathbb{K})$, definimos la matriz $C = A + B \in \mathcal{M}_{m \times n}(\mathbb{K})$ como $c_{ij} = a_{ij} + b_{ij}$ con $1 \leq i \leq n$ y $1 \leq j \leq m$. El elemento neutro de esta operación sería la matriz cuyos elementos son todos ceros. Denotaremos a esta matriz por $0_{m \times n}$. Dado que los coeficientes están en un cuerpo, es fácil comprobar que $(\mathcal{M}_{m \times n}(\mathbb{K}), +)$ es un grupo abeliano. Introduzcamos ahora una segunda operación. Sean $A \in \mathcal{M}_{m \times n}(\mathbb{K})$, $B \in \mathcal{M}_{n \times k}(\mathbb{K})$, definimos el producto de matrices $A \cdot B = C \in \mathcal{M}_{m \times k}(\mathbb{K})$ como $c_{ij} = \sum_{t=1}^{n} a_{it} b_{tj}$. Esta operación parece que está definida de una manera arbitraria, pero como veremos más adelante es lo que nos permitirá relacionar matrices con aplicaciones lineales. Un ejemplo de como funciona este producto sería:

$$\begin{pmatrix} 1 & 7 \\ 3 & 4 \end{pmatrix} \cdot \begin{pmatrix} 0 & 1 \\ 2 & 3 \end{pmatrix} = \begin{pmatrix} 14 & 22 \\ 8 & 15 \end{pmatrix}, \quad \begin{pmatrix} 0 & 1 \\ 2 & 3 \end{pmatrix} \cdot \begin{pmatrix} 1 & 7 \\ 3 & 4 \end{pmatrix} = \begin{pmatrix} 3 & 4 \\ 11 & 26 \end{pmatrix}.$$

Podemos observar que el producto no es conmutativo. Además, para poder realizarlo es necesario que una matriz esté en $\mathcal{M}_{m \times n}(\mathbb{K})$ y la otra en $\mathcal{M}_{n \times k}(\mathbb{K})$. Como nos interesa dotar a las matrices de una estructura de anillo, necesitamos que la operación sea interna, por lo tanto, impondremos que $m = n = k$, obteniendo las conocidas como matrices cuadradas. En el conjunto $\mathcal{M}_{n \times n}(\mathbb{K})$ encontramos un neutro para el producto, la matriz identidad, $I_{n \times n}$, definida como $i_{jk} = 0$ si $j \neq k$ y $i_{jk} = 1$ si $j = k$ con $1 \leq j, k \leq n$. Al igual que ocurre en $\mathbb{R}$, cuando no haya riesgo de confusión omitiremos el símbolo $\cdot$, es decir, en lugar de escribir $A \cdot B$ escribiremos AB. De igual manera, escribiremos I y 0, en lugar de $I_{n \times n}$ y $0_{n \times n}$, respectivamente. Veamos ahora que otras propiedades verifica este conjunto.

Proposición 2.1.1. *Sean $A, B, C \in \mathcal{M}_{n \times n}(\mathbb{K})$ con $n \in \mathbb{N} \setminus \{0\}$, entonces se verifica:*

- $(AB)C = A(BC)$,

- $A(B + C) = AB + AC$.

Demostración. Veamos la demostración de cada apartado.

- Sea $D = AB$, $E = DC$, $F = BC$ y $G = AF$. Tenemos que comprobar que $E = G$. En primer lugar vemos que $d_{ij} = \sum_{k=1}^{n} a_{ik} b_{kj}$ y por tanto. $e_{ij} = \sum_{t=1}^{n} \left(\sum_{k=1}^{n} a_{ik} b_{kt} \right) c_{ti}$. Por otra parte, tenemos que $f_{ij} = \sum_{k=1}^{n} b_{ik} c_{kj}$ y $g_{ij} = \sum_{t=1}^{n} a_{it} \left(\sum_{k=1}^{n} b_{ik} c_{kj} \right)$. Dado que todos los elementos a_{ij}, b_{ij}, c_{ij} con $1 \leq i, j \leq k$ están en un cuerpo, tenemos que $e_{ij} = g_{ij}$.

- Sea $D = A(B + C)$, $E = AB + AC$ y veamos que $D = E$. Tenemos que $d_{ij} = \sum_{k=1}^{n} a_{ik}(b_{ik} + c_{ik}) = \sum_{k=1}^{n}(a_{ik}b_{ik} + a_{ik}c_{ik}) = \sum_{k=1}^{n} a_{ik}b_{ik} + \sum_{k=1}^{n} a_{ik}c_{ik} = e_{ij}$.

$\square$

Si juntamos todas estas propiedades que hemos comprobado que tienen las matrices, tenemos la siguiente conclusión.

Corolario 2.1.2. *Sean $n \in \mathbb{N} \setminus \{0\}$ y $\mathbb{K}$ un cuerpo. La estructura $(\mathcal{M}_{n \times n}(\mathbb{K}), +, \cdot)$ es un anillo.*

Podríamos plantearnos si esta estructura podría ser un cuerpo. Para comprobar que no es así, veremos que ni siquiera es un dominio encontrando divisores de cero. Sea $A = \begin{pmatrix} 1 & 1 \\ -1 & -1 \end{pmatrix}$. Es fácil comprobar que $A^2 = 0_{2 \times 2}$. Por tanto, A es un divisor de cero y $(\mathcal{M}_{2 \times 2}(\mathbb{K}), +, \cdot)$ no puede ser un cuerpo.

Aún así, existen numerosas matrices que tienen inverso, pero al ser el producto no conmutativo, podríamos plantearnos si existe un inverso por la izquierda y otro por la derecha, es decir, si dada una matriz $A \in \mathcal{M}_{n \times n}(\mathbb{K})$ invertible, existen $L, R \in \mathcal{M}_{n \times n}(\mathbb{K})$ tales que $LA = AR = I_{n \times n}$. Veamos que, si existen, se tiene que verificar que ambas inversas son iguales.

Proposición 2.1.3. *Sea $A \in \mathcal{M}_{n \times n}(\mathbb{K})$ invertible y sean $L, R \in \mathcal{M}_{n \times n}(\mathbb{K})$ tales que $LA = AR = I_{n \times n}$. Entonces, $L = R$.*

Demostración. Como $AR = I$, si multiplicamos por L, tenemos que $L(AR) = LI$. Aplicando la propiedad asociativa y que I es el neutro del producto, se tiene $(LA)R = L$. Si aplicamos la hipótesis $LA = I$, tenemos que $IR = L$. Finalmente, aplicando de nuevo que I es el elemento neutro, $R = L$. □

Veamos ahora cómo afecta el producto a las matrices inversas.

Proposición 2.1.4. *Sean $A, B \in \mathcal{M}_{n \times n}(\mathbb{K})$ invertibles. Entonces $(AB)^{-1} = B^{-1}A^{-1}$.*

Demostración. Tenemos que comprobar que $B^{-1}A^{-1}$ es la inversa de AB. Para ello multiplicaremos ambas matrices y veremos que obtenemos la identidad. Esta demostración hace uso de la propiedad asociativa y del neutro del producto.

$$(B^{-1}A^{-1})(AB) = B^{-1}(A^{-1}A)B = B^{-1}IB = B^{-1}B = I.$$

$\square$

Finalizamos esta sección con una operación unaria (con un solo argumento) externa (el conjunto imagen es distinto del dominio) propia de las matrices, la transposición.

Definición 2.1.5. Sea $M \in \mathcal{M}_{n\times m}(\mathbb{K})$, definimos la **transposición** como la aplicación $t :$ $\mathcal{M}_{n\times m}(\mathbb{K}) \to \mathcal{M}_{m\times n}(\mathbb{K})$ definida por $A \mapsto t(A) := A^t$, donde A^t es la matriz definida por $t(a_{ij}) = a_{ji}$.

Por ejemplo, si $A = \begin{pmatrix} 1 & 2 & 3 \\ 4 & 5 & 6 \end{pmatrix}$ entonces $A^t = \begin{pmatrix} 1 & 4 \\ 2 & 5 \\ 3 & 6 \end{pmatrix}$. Como vemos, esta operación convierte las filas en columnas, y viceversa. Cerraremos esta sección con el siguiente resultado.

Proposición 2.1.6. *Sea $A \in \mathcal{M}_{n\times m}(\mathbb{K})$ y $B \in \mathcal{M}_{m\times p}(\mathbb{K})$. Se verifica que $(AB)^t = B^t A^t$.*

Demostración. En primer lugar nos damos cuenta de que $B^t \in \mathcal{M}_{p\times m}(\mathbb{K})$ y $A^t \in \mathcal{M}_{m\times n}(\mathbb{K})$ y por tanto, las podemos multiplicar. Además su producto tiene dimensión $p \times n$ que es la de $(AB)^t$. Por otra parte, si llamamos C a la matriz $B^t A^t$, tenemos que $c_{ij} = \sum_{k=1}^{m} b_{ki} a_{jk}$ que coincide con el elemento en la fila i, columna j de $(AB)^t$. $\square$

2.2. Transformaciones lineales

En la sección anterior dotamos al conjunto de las matrices de una estructura concreta. En esta sección introduciremos las transformaciones lineales y veremos como podemos utilizarlas para calcular la inversa de distintas matrices.

Definición 2.2.1. Sea $(\mathbb{K}, \oplus, \otimes)$ un cuerpo y $e_\oplus$ el neutro respecto a la operación $\oplus$. Denominamos **transformaciones lineales** o elementales a las siguientes aplicaciones.

- $F_{ij} : \mathcal{M}_{n \times m}(\mathbb{K}) \to \mathcal{M}_{n \times m}(\mathbb{K})$, intercambia las filas i y j.

- $C_{ij} : \mathcal{M}_{n \times m}(\mathbb{K}) \to \mathcal{M}_{n \times m}(\mathbb{K})$, intercambia las columnas i y j.

- $F_i^\alpha : \mathcal{M}_{n \times m}(\mathbb{K}) \to \mathcal{M}_{n \times m}(\mathbb{K})$, multiplica la fila i por $\alpha \in \mathbb{K} \setminus \{e_\oplus\}$.

- $C_i^\alpha : \mathcal{M}_{n \times m}(\mathbb{K}) \to \mathcal{M}_{n \times m}(\mathbb{K})$, multiplica la columna i por $\alpha \in \mathbb{K} \setminus \{e_\oplus\}$.

- $F_{ij}^\alpha : \mathcal{M}_{n \times m}(\mathbb{K}) \to \mathcal{M}_{n \times m}(\mathbb{K})$, suma a la fila i la fila j multiplicada por $\alpha \in \mathbb{K} \setminus \{e_\oplus\}$.

- $C_{ij}^\alpha : \mathcal{M}_{n \times m}(\mathbb{K}) \to \mathcal{M}_{n \times m}(\mathbb{K})$, suma a la columna i la columna j multiplicada por $\alpha \in \mathbb{K} \setminus \{e_\oplus\}$.

Enunciaremos ahora qué propiedades tienen estas aplicaciones cuya demostración es directa y queda como ejercicio para el lector.

Proposición 2.2.2. *Sea* $I : \mathcal{M}_{n \times m}(\mathbb{K}) \to \mathcal{M}_{n \times m}(\mathbb{K})$ *la aplicación identidad, definida por* $I(A) = A$, *y sean* F_{ij}, F_i^α, F_{ij}^α, C_{ij}, C_i^α *y* C_{ij}^α *las transformaciones lineales definidas anteriormente. Sea* α^{-1} *el inverso de* α, *con respecto a* $\otimes$ *y* $-\alpha$ *el opuesto de* α *con respecto a* $\oplus$. *Se verifica:*

- $F_{ij} \circ F_{ji} = I$.

- $F_i^\alpha \circ F_i^{\alpha^{-1}} = I$.

- $F_{ij}^\alpha \circ F_{ij}^{-\alpha} = I$.

- $C_{ij} \circ C_{ji} = I$.

- $C_i^\alpha \circ C_i^{\alpha^{-1}} = I$.

- $C_{ij}^\alpha \circ C_{ij}^{-\alpha} = I$.

Acabamos de ver una manera para modificar matrices, pero no es la única. El producto de ciertas matrices también puede producir este efecto. Por ejemplo, el producto

$$\begin{pmatrix} 0 & 1 \\ 1 & 0 \end{pmatrix} \begin{pmatrix} a_{11} & a_{12} & a_{13} \\ a_{21} & a_{22} & a_{23} \end{pmatrix} = \begin{pmatrix} a_{21} & a_{22} & a_{23} \\ a_{11} & a_{12} & a_{13} \end{pmatrix}$$ intercambia dos filas.

Definición 2.2.3. Sean A, B dos matrices. Diremos que A es una **matriz elemental** si AB o BA es una transformación elemental de B.

Veamos como podemos aplicar estas matrices.

Proposición 2.2.4. *Sea A una matriz elemental.*

- *Si A realiza una transformación elemental sobre filas se multiplica por la izquierda.*

- *Si A realiza una transformación elemental sobre columnas se multiplica por la derecha.*

Proposición 2.2.5. *Si A es la matriz cuyo producto equivale a la transformación elemental T entonces A^{-1} es la matriz cuyo producto equivale a la transformación elemental T^{-1}.*

Las demostraciones de estas proposiciones vuelven a ser directas aplicando las definiciones.

Proposición 2.2.6. *Las matrices elementales son cuadradas e invertibles.*

Demostración. Demostremos la primera parte de esta proposición para matrices que operan por filas. De forma análoga se podría demostrar para las que operan con columnas. Sea $B \in \mathcal{M}_{n \times m}(\mathbb{K})$ y sea $A \in \mathcal{M}_{p \times q}(\mathbb{K})$ una matriz elemental que opera por filas. Como se debe poder realizar la multiplicación $A \cdot B$ tiene que suceder que $q = n$. La matriz $AB \in \mathcal{M}_{p \times m}(\mathbb{K})$ pero al ser una transformación elemental de B tiene que tener la misma dimensión luego $q = n$ y por tanto, A es cuadrada. $\qquad\square$

Habiendo visto estas propiedades, nos interesa ahora cómo construir matrices elementales. Veámoslo por filas, aunque el caso por columnas se demuestra de forma totalmente análoga. Sea E una matriz elemental que realiza una transformación elemental por filas, T, en la matriz identidad, I. Por tanto, tenemos que $T(I) = EI = E$. Así pues, cualquier matriz elemental puede construirse aplicando su transformación asociada a la matriz identidad.

Estas trasformaciones nos permiten definir la siguiente relación entre matrices.

Definición 2.2.7. Sean $A, B \in M_{n \times m}(\mathbb{K})$ y sean $E_1, \ldots, E_p \in M_{n \times n}(\mathbb{K})$, $E'_1, \ldots E'_q \in M_{m \times m}(\mathbb{K})$ matrices elementales. Si $A = E_1 \ldots E_p B E'_1 \ldots E'_q$ diremos que A es **equivalente** a B y escribiremos $A \sim B$.

Es decir, dos matrices son equivalentes si «podemos pasar» de una a otra mediantes transformaciones elementales (ya sean por filas o por columnas). Por ejemplo, la matriz $A = \begin{pmatrix} 3 & 4 \\ 1 & 0 \end{pmatrix}$ es equivalente a la matriz $B = \begin{pmatrix} 4 & 4 \\ 1 & 0 \end{pmatrix}$ ya que B se obtiene sumando a la primera fila de A la segunda fila.

Nuestro interés en trabajar con matrices equivalentes reside en que esto nos permite simplificar los cálculos ya que pasaremos de matrices complejas a otras más sencillas de manipular.

Definición 2.2.8. Sea $A \in M_{n \times m}(\mathbb{K})$. Denominamos **diagonal** principal a los elementos a_{ii} con $1 \leq i \leq \mín\{n, m\}$.

Definición 2.2.9. Sea $A \in M_{n \times m}(\mathbb{K})$. Diremos que A es **normal** si todos sus elementos son nulos excepto los primeros de la diagonal.

Proposición 2.2.10. *Sea $A \in M_{n \times m}(\mathbb{K})$ entonces existe $N \in M_{n \times m}(\mathbb{K})$ una matriz normal tal que $A \sim N$.*

El resultado anterior nos permite afirmar que realizando transformaciones elementales en una matriz podemos obtener otra normal equivalente. Veamos un ejemplo de como podemos hacer esto.

$$
\begin{pmatrix} 8 & 6 & 10 \\ 9 & 9 & 1 \end{pmatrix} \underset{F_{12}^{-1}}{\sim} \begin{pmatrix} -1 & -3 & 9 \\ 9 & 9 & 1 \end{pmatrix} \underset{F_{1}^{-1}}{\sim} \begin{pmatrix} 1 & 3 & -9 \\ 9 & 9 & 1 \end{pmatrix} \underset{F_{21}^{-9}}{\sim} \begin{pmatrix} 1 & 3 & -9 \\ 0 & -18 & 82 \end{pmatrix} \underset{F_{2}^{-1/18}}{\sim}
$$

$$
\sim \begin{pmatrix} 1 & 3 & -9 \\ 0 & 1 & -41/9 \end{pmatrix} \underset{F_{12}^{-3}}{\sim} \begin{pmatrix} 1 & 0 & 14/3 \\ 0 & 1 & -41/9 \end{pmatrix} \underset{\substack{C_{31}^{-14/3} \\ C_{32}^{41/9}}}{\sim} \begin{pmatrix} 1 & 0 & 0 \\ 0 & 1 & 0 \end{pmatrix}
$$

Podemos utilizar el Algoritmo 1 para encontrar la matriz normal equivalente. Sea $A \in \mathcal{M}_{n \times m}(\mathbb{K})$ y $k = \text{mín}\{n, m\}$:

Algoritmo 1 Calcular forma normal

$i \leftarrow 0$

for $i \leq k, i + +$ **do**

Llevar por intercambio de filas y columnas un elemento no nulo a a_{ii}.

Dividir la fila por él.

Hacer nulos los elementos de la columna i.

end for

Hacer cero el resto de la matriz.

Notemos que si la matriz es cuadrada y tiene inversa, podemos encontrar su matriz normal equivalente utilizando solamente transformaciones elementales de filas o solamente de columnas. Además, esta matriz normal será precisamente la matriz identidad. Como aplicación de las transformaciones elementales tenemos el cálculo de matrices inversa.

Proposición 2.2.11. *Cálculo de la inversa mediante transformaciones lineales Sea $A \in \mathcal{M}_{n \times n}(\mathbb{K})$ una matriz invertible, $I \in \mathcal{M}_{n \times n}(\mathbb{K})$ la matriz identidad y $E_1, E_2, \ldots, E_t$ las matrices elementales tales que $E_1 E_2 \ldots E_t A = I$, entonces $A^{-1} = (E_1 E_2 \ldots E_t)$.*

Este resultado nos dice que si aplicamos las mismas transformaciones a la matriz identidad que realizamos a la matriz A para encontrar su matriz normal equivalente obtendremos la matriz inversa de A. El siguiente ejemplo ilustra este hecho.

Ejemplo 2.2.12. Si $A = \begin{pmatrix} 2 & 1 \\ 7 & 4 \end{pmatrix}$ podemos calcular la matriz inversa haciendo cambios simultáneos a A y a la matriz identidad.

$$\left(\begin{array}{cc|cc} 2 & 1 & 1 & 0 \\ 7 & 4 & 0 & 1 \end{array}\right) \sim \left(\begin{array}{cc|cc} 1 & 1/2 & 1/2 & 0 \\ 7 & 4 & 0 & 1 \end{array}\right) \sim \left(\begin{array}{cc|cc} 1 & 1/2 & 1/2 & 0 \\ 0 & 1/2 & -7/2 & 1 \end{array}\right) \sim$$

$$\sim \left(\begin{array}{cc|cc} 1 & 1/2 & 1/2 & 0 \\ 0 & 1 & -7 & 2 \end{array}\right) \sim \left(\begin{array}{cc|cc} 1 & 0 & 4 & -1 \\ 0 & 1 & -7 & 2 \end{array}\right) \quad A^{-1} = \begin{pmatrix} 4 & -1 \\ -7 & 2 \end{pmatrix}.$$

2.3. Matriz escalonada reducida

Veamos ahora un concepto similar al de matriz normal al que podremos llegar operando solamente por filas (o por columnas).

Definición 2.3.1. Sea $A \in \mathcal{M}_{n \times m}(\mathbb{K})$. Diremos que es **escalonada reducida por filas** si verifica lo siguiente:

- Si tiene filas nulas, estas son las últimas de la matriz.

- El primer elemento no nulo de cada fila no nula es 1.

- El primer 1 de cada fila no nula está a la derecha del primer 1 de la fila anterior.

- Los elementos que aparecen en la columna del primer 1 de cada fila son todos nulos.

Según esta definición, las matrices $\begin{pmatrix} 1 & 0 & 4 & -1 \\ 0 & 2 & -7 & 2 \end{pmatrix}$ y $\begin{pmatrix} 1 & 2 & 4 & -1 \\ 0 & 1 & -7 & 2 \end{pmatrix}$ no serían escalonadas reducidas por filas, mientras que la matriz $\begin{pmatrix} 1 & 0 & 4 & -1 \\ 0 & 1 & -7 & 2 \end{pmatrix}$ sí lo sería. Análogamente tenemos la siguiente definición.

Definición 2.3.2. Sea $A \in \mathcal{M}_{n \times m}(\mathbb{K})$. Diremos que es **escalonada reducida por columnas** si verifica lo siguiente:

- Si tiene columnas nulas, estas son las últimas de la matriz.

- El primer elemento no nulo de cada columna no nula es 1.

- El primer 1 de cada columna no nula está debajo del primer 1 de la columna anterior.

- Los elementos que aparecen en la fila del primer 1 de cada columna son todos nulos.

Como en la sección anterior utilizaremos $\sim_f$ para indicar que dos matrices son equivalentes por filas. Esta relación es reflexiva, simétrica y transitiva, por lo tanto, $\sim_f$ es realmente una relación de equivalencia. Veamos ahora algunas propiedades.

Lema 2.3.3. *Si dos matrices escalonadas reducidas por filas son equivalentes por filas, entonces son iguales.*

Teorema 2.3.4. *Toda matriz es equivalente por filas a una única matriz escalonada por filas.*

Demostración. En primer lugar aplicamos transformaciones elementales a la matriz hasta conseguir una matriz escalonada reducida. Por el lema anterior tenemos la unicidad. □

Veamos un ejemplo:

$$\begin{pmatrix} 5 & 2 & 9 & 23 \\ 2 & 1 & 4 & 10 \\ 1 & 1 & 3 & 7 \end{pmatrix} \sim \begin{pmatrix} 1 & 1 & 3 & 7 \\ 2 & 1 & 4 & 10 \\ 5 & 2 & 9 & 23 \end{pmatrix} \sim \begin{pmatrix} 1 & 1 & 3 & 7 \\ 0 & -1 & -2 & -4 \\ 0 & -3 & -6 & -12 \end{pmatrix} \sim$$

$$\begin{pmatrix} 1 & 1 & 3 & 7 \\ 0 & 1 & 2 & 4 \\ 0 & 3 & 6 & 12 \end{pmatrix} \sim \begin{pmatrix} 1 & 1 & 3 & 7 \\ 0 & 1 & 2 & 4 \\ 0 & 0 & 0 & 0 \end{pmatrix} \sim \begin{pmatrix} 1 & 0 & 1 & 3 \\ 0 & 1 & 2 & 4 \\ 0 & 0 & 0 & 0 \end{pmatrix}.$$

2.4. Aplicaciones

2.4.1. Computación cuántica

Una de las aplicaciones más recientes para las matrices las encontramos en computación cuántica. Aunque realmente este problema es matemática y físicamente complejo, aquí damos una visión divulgativa y simplificada del mismo para que el lector pueda tener una base sobre la que poder profundizar si lo desea.

En los ordenadores convencionales, la unidad básica de información es el bit, que puede tomar los valores 0 o 1 de manera excluyente. En computación cuántica, sin embargo, la unidad de información es el cúbit que, por sus propiedades físicas, sí puede tomar ambos valores simultáneamente lo cual permite realizar de manera simultánea diversas operaciones.

Denotamos por $|0\rangle$ y $|1\rangle$, los estado en un cúbit equivalentes a 0 y 1, respectivamente. Así, un cúbit será de la forma $\alpha_0|0\rangle + \alpha_1|1\rangle$, donde α_0 y α_1 miden la probabilidad asociada a cada estado y verifican $\alpha_0^2 + \alpha_1^2 = 1$. Esto significa que si tenemos el cúbit $\frac{3}{5}|0\rangle + \frac{4}{5}|1\rangle$, cuando realicemos la medida del mismo (ya que nos es imposible observar al cúbit en estado de superposición) tendremos más posibilidades de obtener 1 que de obtener 0.

Si tuvieramos 2 cúbits, podríamos tener los siguientes cuatro estados $|00\rangle$, $|01\rangle$, $|10\rangle$ y $|11\rangle$, a los que denotaremos por:

$$|00\rangle = \begin{pmatrix} 1 \\ 0 \\ 0 \\ 0 \end{pmatrix}, |01\rangle = \begin{pmatrix} 0 \\ 1 \\ 0 \\ 0 \end{pmatrix}, |10\rangle = \begin{pmatrix} 0 \\ 0 \\ 1 \\ 0 \end{pmatrix}, |11\rangle = \begin{pmatrix} 0 \\ 0 \\ 0 \\ 1 \end{pmatrix}.$$

Así, un 2-cúbit sería de la forma $\alpha_0|00\rangle + \alpha_1|01\rangle + \alpha_2|10\rangle + \alpha_3|11\rangle$ donde $\alpha_0^2 + \alpha_1^2 + \alpha_2^2 + \alpha_3^2 = 1$. Notemos que esto se puede generalizar a cualquier número de cúbits.

Sabiendo ya cual es la unidad básica de información veamos cómo podemos trabajar con ella. En computación tradicional tenemos distintas puertas lógicas, por ejemplo AND, OR, XOR, etc. En computación cuántica, estas puertas se hacen a través de un tipo particular de matrices, las unitarias (matrices complejas que al multiplicarlas por su transpuesta conjugada obtenemos la identidad). El uso de estas matrices se debe a que transforman vectores de módulo uno en otros que siguen teniendo módulo uno. Notemos que estas matrices tienen inversa, por lo que las puertas lógicas son reversibles, cosa que no sucede en la computación tradicional. Veamos algunos ejemplos de puertas lógicas cuánticas:

- NOT. Si utilizamos la matriz $\begin{pmatrix} 0 & 1 \\ 1 & 0 \end{pmatrix}$ vemos que $\begin{pmatrix} 0 & 1 \\ 1 & 0 \end{pmatrix}\begin{pmatrix} \alpha_0 \\ \alpha_1 \end{pmatrix} = \begin{pmatrix} \alpha_1 \\ \alpha_0 \end{pmatrix}$ por lo que $|0\rangle$ se transforma en $|1\rangle$ y viceversa. Además cualquier estado intermedio también se altera de manera similar.

- HADAMARD. La matriz $H = \begin{pmatrix} \frac{1}{\sqrt{2}} & \frac{1}{\sqrt{2}} \\ \frac{1}{\sqrt{2}} & -\frac{1}{\sqrt{2}} \end{pmatrix}$, conocida como matriz de Hadamard nos sirve para dotar a ambos estados del cúbit la misma probabilidad.

Combinando distintas puertas lógicas podemos crear los conocidos circuitos cuánticos con los que poder desarrollar algoritmos como el de Shor, que rompe la encriptación RSA, o el de Grover, que sirve para buscar de forma rápida información en una base de datos.

2.4.2. Tratamiento de imágenes

Al ser las matrices un elemento tan básico como los números, tenemos cientos de aplicaciones para ellas. Una de ellas como se ha visto en la introducción es la manipulación de imágenes en un dispositivo electrónico, ya sea nuestro móvil o un ordenador. Debido al carácter computacional de esta aplicación, la veremos con detalle en el Anexo A.

Capítulo 3

Determinantes

Las matrices y los determinantes son dos conceptos que aparecen juntos en infinidad de ocasiones. Estos últimos nos dan mucha información sobre las primeras y los problemas relacionados con ellos, desde saber si la matriz es invertible hasta ver si el mango de una sartén está en el punto más frío del borde de la misma (al resolver un problema de multiplicadores de Lagrange). En este capítulo veremos cómo podemos definir los determinantes a partir de una familia de funciones biyectivas, las permutaciones, además de sus propiedades básicas y su uso, junto con las matrices, en computación cuántica.

En este capítulo podremos conocer:

- Propiedades básicas para el desarrollo de la teoría.

3.1. Permutaciones

Antes de poder definir los determinantes es necesario introducir la noción de permutación.

Definición 3.1.1. Sea A un conjunto finito. Una aplicación $\sigma : A \to A$ es una **permutación**

si es biyectiva.

De una manera más coloquial, una permutación es cada una de las ordenaciones de un conjunto finito. Al conjunto de todas las permutaciones de A lo denotaremos por S_A. Sin pérdida de generalidad, podemos asumir que $A = \{1, 2, \ldots, n\}$. Al conjunto de las permutaciones de los n elementos de A lo denotaremos por S_n.

Veamos un ejemplo. Sea $A = \{1, 2, 3\}$ y $\sigma : A \longrightarrow A$ la aplicación definida por $\sigma(1) = 2$, $\sigma(2) = 1$, $\sigma(3) = 3$. Como σ es biyectiva, es una permutación.

En general, si $\sigma \in S_n$ con $\sigma(1) = a_1, \ldots, \sigma(n) = a_n$ utilizaremos la siguiente notación:

$\sigma = \begin{pmatrix} 1 & 2 & \ldots & n \\ a_1 & a_2 & \ldots & a_n \end{pmatrix}$. Por tanto, la permutación del ejemplo anterior en forma matricial

sería $\sigma = \begin{pmatrix} 1 & 2 & 3 \\ 2 & 1 & 3 \end{pmatrix}$.

Notemos que podemos dotar de una estructura a S_n y, además, todo grupo finito será un subgrupo de dicho conjunto.

Proposición 3.1.2. *Sea S_n el conjunto de las permutaciones, y $\circ$ la composición de aplicaciones.*

- *$(S_n, \circ)$ es un grupo finito.*

- *$|S_n| = n!$.*

- *Si $n > 2$, entonces S_n no es conmutativo.*

Demostración. Veamos cada uno de los puntos anteriores:

- Notemos que si σ es una permutación, al ser biyectiva, tendrá inversa. Además, como la función identidad pertenece a S_n y la composición es biyectiva, tenemos que S_n es un grupo.

- Como al primer elemento de A le podemos asignar n posibles imágenes, al segundo elemento, $n-1$, etc, tenemos que el número de posibles permutaciones es $n \cdot (n-1) \cdot \ldots \cdot 3 \cdot 2 \cdot 1 = n!$

- Basta dar un ejemplo de dos permutaciones de un conjunto de tres elementos que no conmuten. Sea $A = \{1, 2, 3\}$ y σ, π las permutaciones $\sigma = \begin{pmatrix} 1 & 2 & 3 \\ 2 & 1 & 3 \end{pmatrix}$ y $\pi = \begin{pmatrix} 1 & 2 & 3 \\ 2 & 3 & 1 \end{pmatrix}$.

  Tenemos entonces que $\pi \circ \sigma = \begin{pmatrix} 1 & 2 & 3 \\ 2 & 3 & 1 \end{pmatrix} \circ \begin{pmatrix} 1 & 2 & 3 \\ 2 & 1 & 3 \end{pmatrix} = \begin{pmatrix} 1 & 2 & 3 \\ 3 & 2 & 1 \end{pmatrix}$ mientras que

$\sigma \circ \pi = \begin{pmatrix} 1 & 2 & 3 \\ 1 & 3 & 2 \end{pmatrix}$.

$\square$

Si queremos componer permutaciones en formato matricial usaremos el símbolo $\circ$. Es importante no confundir esto con el producto matricial. Además, como la composición es no conmutativa, tenemos que tener cuidado con el orden en el que realizamos esta operación (de derecha a izquierda). Veamos ahora un concepto clave a la hora de trabajar con permutaciones.

Definición 3.1.3. Sean $n, m \in \mathbb{N}$, $n \geq m > 0$. Diremos que $\sigma \in S_n$ es un **ciclo** de longitud m (o m-ciclo) si existe $I = \{a_1, a_2, \ldots, a_m\} \subset \{1, 2, \ldots, n\}$ tal que se verifica:

- $\sigma(a_i) = a_{i+1}$, para todo $1 \leq i \leq m-1$, $\sigma(a_m) = a_1$.

- $\sigma(j) = j$ si $j \notin I$.

Los ciclos se suelen denotar por $(a_1 a_2 \ldots a_m)$. Un ejemplo de 3-ciclo en S_4 es (412), el cual utilizando la notación previa es $\begin{pmatrix} 1 & 2 & 3 & 4 \\ 2 & 4 & 3 & 1 \end{pmatrix}$. Los ciclos tienen buenas propiedades, lo que nos va a permitir generar cualquier permutación utilizando solamente ciclos disjuntos, definidos a continuación.

Definición 3.1.4. Dos **ciclos** $(a_1, \ldots, a_m), (b_1 \ldots b_r)$ son **disjuntos** si $a_i \neq b_j$ con $1 \leq i \leq m$ y $1 \leq j \leq r$.

Lema 3.1.5. *Si σ_1 y σ_2 son ciclos disjuntos entonces $\sigma_1 \circ \sigma_2 = \sigma_2 \circ \sigma_1$.*

Teorema 3.1.6. *Toda permutación se puede descomponer de forma única (salvo por el orden de los factores) como composición de ciclos disjuntos.*

Veamos un ejemplo de este resultado. Supongamos que tenemos la permutación $\sigma = \begin{pmatrix} 1 & 2 & 3 & 4 & 5 & 6 & 7 \\ 3 & 6 & 5 & 7 & 1 & 2 & 4 \end{pmatrix}$. Es fácil comprobar que $\sigma = (135) \circ (26) \circ (47)$. De todos los ciclos, para llegar al concepto de determinante, necesitamos los que tienen longitud dos, los cuales dada su importancia, reciben un nombre especial.

Definición 3.1.7. Una **transposición** es un 2-ciclo.

Teorema 3.1.8. *Sea $n \in \mathbb{N}$, $n > 1$ y $\sigma \in S_n$ entonces σ se puede descomponer como composición de trasposiciones.*

Notemos en este caso, que la descomposición no es única aunque el número de trasposiciones que la conforman sí lo es. Esto nos permite dar la siguiente definición.

Definición 3.1.9. Sea $\sigma \in S_n$. Definimos el **signo** de σ como

$$sgn(\sigma) = (-1)^{\text{número de trasposiciones de una descomposición de } \sigma}$$

.

Definición 3.1.10. Sea $\sigma \in S_n$. Diremos que σ es **par** si $sgn(\sigma) = 1$. En caso contrario, diremos que es **impar**.

A priori, puede parecer complicado calcular el signo de una permutación, sin embargo, los siguientes resultados nos simplifican su cómputo.

Definición 3.1.11. Sean $n, i, \in \mathbb{N}$, $1 \leq i < j \leq n$ y $\sigma \in S_n$. Si $\sigma(i) > \sigma(j)$ diremos que i y j están en **inversión**.

Denotaremos por $v(\sigma)$ al número total de inversiones. Veamos un ejemplo. Sea $\sigma \in S_5$ la permutación $\sigma = \begin{pmatrix} 1 & 2 & 3 & 4 & 5 \\ 4 & 2 & 1 & 5 & 3 \end{pmatrix}$. Vemos que el 4 está en inversión con el dos, el uno y el tres. Así mismo, el 2 está en inversión con el uno y el 4 con el tres. Por tanto, $v(\sigma) = 5$. El siguiente teorema nos muestra como podemos calcular la paridad de una permutación conociendo sus inversiones.

Teorema 3.1.12. *Sea* $\sigma \in S_n$. *Se verifica que* $sgn(\sigma) = (-1)^{v(\sigma)}$.

Así, en el ejemplo anterior, tenemos que la permutación es impar. Esto se podría haber hecho descomponiéndola en trasposiciones. Veamos un par de resultados con los que cerraremos esta sección.

Teorema 3.1.13. *Sean* $i, j, n \in \mathbb{N}$, $1 \leq i < j \leq n$ *y* $\sigma, \bar{\sigma} \in S_n$. *Si* $\sigma(i) = \bar{\sigma}(j)$, $\sigma(j) = \bar{\sigma}(i)$ *y* $\sigma(k) = \bar{\sigma}(k)$ *con* $1 \leq k \leq n$, $k \neq i$, $k \neq j$ *entonces* $sgn(\sigma) = -sgn(\bar{\sigma})$.

Demostración. Dado que $i < j$, existe $h \in \mathbb{N}$ tal que $i = j + h$. Supongamos que

$$\sigma = \begin{pmatrix} 1 & 2 & \ldots & i & i+1 & i+h-1 & j & j+1 & \ldots & n \\ a_1 & a_2 & \ldots & a_i & a_{i+1} & a_{i+h-1} & a_j & a_{j+1} & \ldots & a_n \end{pmatrix}.$$

Tras aplicarle $h - 1$ trasposiciones para «hacer avanzar a_i hasta alcanzar a a_j», obtenemos la siguiente permutación:

$$\begin{pmatrix} 1 & 2 & \ldots & i & i+h-2 & i+h-1 & j & j+1 & \ldots & n \\ a_1 & a_2 & \ldots & a_{i+1} & a_{i+h-1} & a_i & a_j & a_{j+1} & \ldots & a_n \end{pmatrix}.$$

A continuación, aplicamos h trasposiciones para «hacer retroceder a_j hasta la posición original de a_i» y obtenemos $\bar{\sigma}$.

$$\bar{\sigma} = \begin{pmatrix} 1 & 2 & \ldots & i & i+1 & i+h-1 & j & j+1 & \ldots & n \\ a_1 & a_2 & \ldots & a_j & a_{i+1} & a_{i+h-1} & a_i & a_{j+1} & \ldots & a_n \end{pmatrix}.$$

Por lo tanto, para pasar de σ a $\overline{(\sigma)}$ son necesarias $2h - 1$ trasposiciones, es decir, un número impar de ellas. Así, ambas tienen signo opuesto. □

Teorema 3.1.14. *En S_n hay $\frac{n!}{2}$ permutaciones pares y $\frac{n!}{2}$ permutaciones impares.*

Demostración. Sabemos que tenemos $n!$ permutaciones. En cada una de ellas aplicamos una trasposición a los primeros dos elementos obteniendo $n!$ permutaciones que son distintas entre sí, pero que necesariamente deben de coincidir con una que previamente existía. Dado que aplicar una trasposición cambia la paridad, es necesario que exista el mismo número de permutaciones pares que de impares. □

3.2. Determinantes

Ya estamos en condiciones de dar la definición de determinante. Notemos que esta definición está prácticamente en desuso y que se suele utilizar la caracterización mostrada en la próxima sección. Sin embargo, su inclusión en este texto se ha hecho en aras de la completitud del mismo.

Definición 3.2.1. Sea $A \in \mathcal{M}_{n \times n}(\mathbb{K})$. Definimos el **determinante** de A, denotado por $|A|$, como el resultado del polinomio formado por todos los productos de n elementos distintos de las entradas de la matriz que verifican que contengan un factor de cada columna y uno de cada fila y cuyo signo es el correspondiente al que indican las permutaciones de la fila y la columna de los elementos que aparecen.

Por ejemplo, si $A \in \mathcal{M}_{5 \times 5}(\mathbb{K})$ uno de los monomios que aparecen en el determinante es $a_{24}a_{33}a_{45}a_{12}a_{51}$ ya que aparece un elemento de cada fila y uno de cada columna. En este caso, la permutación de las filas sería $\sigma_1 = \begin{pmatrix} 1 & 2 & 3 & 4 & 5 \\ 2 & 3 & 4 & 1 & 5 \end{pmatrix}$ y la de las columnas sería $\sigma_2 = \begin{pmatrix} 1 & 2 & 3 & 4 & 5 \\ 2 & 3 & 4 & 1 & 5 \end{pmatrix}$. El signo de estas permutaciones podríamos calcularlo directamente estudiando las inversiones. Sin embargo, teniendo en cuenta que al intercambiar un factor por otro dentro del mismo monomio estamos alterando tanto la paridad de la permutación de las filas como de las columnas, tenemos el siguiente resultado que nos simplifica la tarea.

Proposición 3.2.2. *El signo de cada monomio de un determinante no depende del orden de los factores que aparece en él.*

Por tanto, sin perdida de generalidad, podemos ordenar los factores por filas. En el ejemplo anterior tendríamos $a_{12}a_{24}a_{33}a_{45}a_{51}$. En este caso, la permutación de las filas es la trivial, que es par. Así, solamente tendríamos que estudiar las columnas. En nuestro ejemplo sería estudiar el signo de $\sigma = \begin{pmatrix} 1 & 2 & 3 & 4 & 5 \\ 2 & 4 & 3 & 5 & 1 \end{pmatrix}$. Vemos que $v(\sigma) = 5$, luego $sgn(\sigma) = -1$ y el monomio es $-a_{12}a_{24}a_{33}a_{45}a_{51}$.

Proposición 3.2.3. *De los $n!$ monomios que aparecen en un determinante, $n!/2$ tienen signo positivo y $n!/2$, negativo.*

Este método para calcular determinantes no es útil en la práctica ya que si $A \in \mathcal{M}_{n\times n}(\mathbb{K})$ el número de monomios que hay que calcular para su determinante es $n!$, lo cual es un número muy elevado de términos. Sin embargo, si $n = 1$, $n = 2$ ó $n = 3$, sí que podemos calcular estos determinantes con este procedimiento. El primero de estos casos es trivial ya que el determinante es el valor de la única entrada que tendría la matriz. Veamos ahora los otros dos casos.

Sea $A = \begin{pmatrix} a_{11} & a_{12} \\ a_{21} & a_{22} \end{pmatrix}$, para calcular su determinante sólo tenemos que utilizar dos monomios $a_{11}a_{22}$ y $a_{12}a_{21}$. El primero corresponde a la permutación trivial, luego es par. Por tanto, el segundo debe de ser impar. Así, $|A| = a_{11}a_{22} - a_{12}a_{21}$.

Si realizamos un estudio similar para el caso $n = 3$, tenemos que

$$\begin{vmatrix} a_{11} & a_{12} & a_{13} \\ a_{21} & a_{22} & a_{23} \\ a_{31} & a_{32} & a_{33} \end{vmatrix} = a_{11}a_{22}a_{33} + a_{12}a_{23}a_{31} + a_{13}a_{21}a_{32} - a_{13}a_{22}a_{31} - a_{11}a_{23}a_{32} - a_{12}a_{21}a_{33}.$$

Esta expresión se conoce como regla de Sarrus. Veamos ahora algunas de las propiedades más importantes de los determinantes. En esta sección usaremos la palabra línea para referirnos de manera indistinta a filas o columnas.

Proposición 3.2.4 (Propiedades de los determinantes). *Sean $A, B \in M_{n \times n}(\mathbb{K})$ y $k \in \mathbb{K}$. Entonces se verifica:*

1. *$|A| = |A^t|$.*

2. *Si B es el resultado de intercambiar dos líneas de A entonces $|A| = -|B|$.*

3. *Si A tiene dos líneas iguales, entonces $|A| = 0$.*

4. *Si B es el resultado de multiplicar una línea de A por k, entonces $|B| = k|A|$.*

5. *Si A tiene dos líneas cuyos elementos son proporcionales, entonces $|A| = 0$.*

Demostración. Veamos la demostración de las anteriores propiedades.

1. Todos los monomios que aparecen en $|A|$ están formados por n factores, uno de cada fila y uno de cada columna. Por tanto, estos monomios aparecen también en $|A^t|$. Las permutaciones asociadas a las filas en $|A|$ son las asociadas a las columnas en $|A^t|$. De forma análoga sucede con las columnas de $|A|$ y las filas de $|A^t|$. Tenemos así que ambos determinante son iguales.

2. Sin pérdida de generalidad podemos suponer que intercambiamos la columna i con la columna j. Notemos que dado que cualquier monomio de $|A|$ aparece también en B, como simplemente hemos alterado el orden de una columna, tenemos que estudiar solamente su signo. En cada monomio tenemos que la permutación correspondiente a la fila es la misma, pero la que corresponde a las columnas tiene dos índices intercambiados. Por lo tanto, cada monomio de $|A|$ aparece en $|B|$ con signo opuesto, de donde deducimos que $|A| = -|B|$.

3. Supongamos que la columna i de A es igual que la columna j. Si intercambiamos ambas columnas obtenemos una matriz B, que por el apartado anterior verifica que $|A| = -|B|$.

Sin embargo, al ser ambas columnas iguales, tenemos que $A = B$, ergo $|A| = |B|$. Así, $|B| = -|B|$ y, por tanto, $|B| = |A| = 0$.

4. Dado que en cada monomio de un determinante aparece un solo término por fila, cada monomio de $|B|$ es un monomio de $|A|$ multiplicado por k y así, sacando factor común tenemos que $|B| = k|A|$.

5. Basta aplicar las propiedades previas sacando la constante de proporcionalidad de las líneas y comprobando que obtenemos una matriz con líneas iguales.

$\square$

Veamos cómo se comportan los determinantes respecto del producto de matrices con el siguiente resultado.

Teorema 3.2.5 (Teorema de Binet-Cauchy). *Sean $A, B \in M_{n\times n}(\mathbb{K})$. Se verifica que $|AB| = |A| \cdot |B|$.*

3.3. Cálculo de determinantes

En la sección anterior hemos visto como calcular determinantes de una manera que no es computacionalmente eficiente. Veamos ahora otro método que nos simplificarán notablemente todos estos cálculos. Para ello necesitamos algunas definiciones.

Definición 3.3.1. Sea $A \in M_{n\times n}(\mathbb{K})$ e $i, j \in \mathbb{N}$, $1 \leq i, j \leq n$. Denominamos **menor complementario** del elemento a_{ij} al determinante de la matriz que se obtiene eliminando la fila i y la columna j. Denotaremos a este valor por α_{ij}.

Por ejemplo, si $A = \begin{pmatrix} 5 & 3 & 1 \\ 3 & 2 & 1 \\ 1 & 1 & 1 \end{pmatrix}$, entonces $\alpha_{21} = \begin{vmatrix} 3 & 1 \\ 1 & 1 \end{vmatrix}$.

Definición 3.3.2. Sea $A \in \mathcal{M}_{n \times n}(\mathbb{K})$ e $i, j \in \mathbb{N}$, $1 \leq i, j \leq n$. Si en el desarrollo de $|A|$ sacamos factor común a_{ij} en todos los términos en los que aparece, el polinomio que lo multiplica es su **adjunto**. Esto lo denotaremos por A_{ij}.

Veamos un ejemplo. Sea $A = \begin{pmatrix} a_{11} & a_{12} & a_{13} \\ a_{21} & a_{22} & a_{23} \\ a_{31} & a_{32} & a_{33} \end{pmatrix}$. Entonces,

$|A| = a_{11}a_{22}a_{33} + a_{12}a_{23}a_{31} + a_{13}a_{21}a_{32} - a_{13}a_{22}a_{31} - a_{11}a_{23}a_{32} - a_{12}a_{21}a_{33}$. Por tanto, el adjunto de a_{21} es $A_{21} = a_{13}a_{32} - a_{12}a_{33}$.

El siguiente resultado nos permite calcular el adjunto de una forma más sencilla a través de menores complementarios.

Teorema 3.3.3. *Sea $A \in \mathcal{M}_{n \times n}(\mathbb{K})$ e $i, j \in \mathbb{N}$, $1 \leq i, j \leq n$. El adjunto de a_{ij} es igual que su menor complementario si $i + j$ es par o es igual a su opuesto en caso contrario.*

Demostración. Empezaremos estudiando el adjunto de a_{11}. Cualquier monomio en el que aparece es de la forma $(-1)^{\beta} a_{11} a_{2m_2} \cdots a_{2m_n}$ donde β es el número de inversiones que aparece en la permutación $\sigma = \begin{pmatrix} 1 & 2 & \dots & n \\ 1 & m_1 & \dots & m_n \end{pmatrix}$. Si quitamos el factor a_{11} nos queda $(-1)^{\beta} a_{2m_2} \cdots a_{2m_n}$ que contiene un factor de cada fila, excepto de la primera, y uno de cada columna excepto de la primera. Es decir, que a priori en valor absoluto, seria un término de α_{11}. Pero no sólo eso, el signo también coincide ya que σ tiene las mismas inversiones que la permutación $\begin{pmatrix} 1 & 2 & \dots & n \\ 1 & m_1 & \dots & m_n \end{pmatrix}$. De la misma manera, vemos que si multiplicamos cada término de α_{11} por a_{11} obtenemos un monomio de $|A|$. Ergo, concluimos que el adjunto de a_{11} es α_{11}.

Elijamos ahora un elemento cualquiera a_{ij} con $1 \leq i, j \leq n$. Podemos llevarlo a la posición de a_{11} realizando $i - 1$ intercambios de filas y $j - 1$ intercambios de columnas. Tras estos cambios, aplicando el caso que hemos estudiado anteriormente, tenemos que el adjunto de a_{ij} es $(-1)^{(i-1)+(j-1)} \alpha_{ij} = (-1)^{i+j-2} \alpha_{ij} = (-1)^{i+j} \alpha_{ij}$. Obtenemos así el resultado pedido. $\square$

Por ejemplo, si $A = \begin{pmatrix} 5 & 3 & 1 \\ 3 & 2 & 1 \\ 1 & 1 & 1 \end{pmatrix}$, entonces $A_{21} = -\alpha_{21} = - \begin{vmatrix} 3 & 1 \\ 1 & 1 \end{vmatrix} = -2$.

Tenemos ya todas las herramientas necesarias para calcular determinantes de forma eficiente.

Teorema 3.3.4 (Cálculo del determinante). *El valor de un determinante es igual a la suma de los elementos de una línea por sus adjuntos correspondientes.*

Demostración. Basta observar que para una matriz $A \in \mathcal{M}_{n \times n}(\mathbb{K})$, fijada una fila i, con $0 \leq i \leq n$, en cada monomio de $|A|$ solo hay un factor de dicha fila. Además, dada una columna j, $1 \leq j \leq n$, se tiene que todos los monomios que contienen al factor a_{ij} son $a_{ij} A_{ij}$. Así, concluimos que $|A| = \sum_{j=1}^{n} a_{ij} A_{ij}$. $\qquad\square$

Gracias a este resultado, y la regla de Sarrus, podemos afirmar que

$$\begin{vmatrix} 2 & -4 & 8 & 6 \\ 1 & 5 & 3 & 1 \\ 1 & 3 & 2 & 1 \\ 1 & 1 & 1 & 0 \end{vmatrix} = 2 \cdot \begin{vmatrix} 5 & 3 & 1 \\ 3 & 2 & 1 \\ 1 & 1 & 0 \end{vmatrix} - (-4) \cdot \begin{vmatrix} 1 & 3 & 1 \\ 1 & 2 & 1 \\ 1 & 1 & 0 \end{vmatrix} + 8 \cdot \begin{vmatrix} 1 & 5 & 1 \\ 1 & 3 & 1 \\ 1 & 1 & 0 \end{vmatrix} - 6 \cdot \begin{vmatrix} 1 & 5 & 3 \\ 1 & 3 & 2 \\ 1 & 1 & 1 \end{vmatrix} = 18.$$

Hemos de tener cuidado a la hora de desarrollar por menores, ya que si en lugar de utilizar los de su línea elegimos los de una línea paralela nos saldrá cero, como nos muestra el siguiente resultado.

Teorema 3.3.5. *La suma de los elementos de una línea, multiplicados por los adjuntos de los elementos de una paralela a ella, es cero.*

Demostración. La suma $\sum_{k=1}^{n} a_{lk} A_{ik}$ es el determinante de la matriz que resulta de cambiar la fila i por la fila l, por tanto, dicho determinante tiene dos filas iguales, ergo dicha suma es cero. $\qquad\square$

A continuación veremos como podemos separar determinantes en sumas de determinantes.

Teorema 3.3.6. *Sea A una matriz tal que los elementos de su línea i son sumas de m sumandos. Entonces $|A| = |B_1| + |B_2| + \ldots + |B_m|$ donde B_j es una matriz idéntica a A excepto su línea i, la cual es sustituida por los j-ésimos sumandos.*

Aplicando el teorema anterior tenemos que

$$
\begin{vmatrix} a_{11} & a_{12} & a_{13} \\ a_{21} & a_{22} & a_{23} \\ a_{31}+x & a_{32}+y & a_{33}+z \end{vmatrix} = \begin{vmatrix} a_{11} & a_{12} & a_{13} \\ a_{21} & a_{22} & a_{23} \\ a_{31} & a_{32} & a_{33} \end{vmatrix} + \begin{vmatrix} a_{11} & a_{12} & a_{13} \\ a_{21} & a_{22} & a_{23} \\ x & y & z \end{vmatrix}.
$$

Los siguientes resultados nos ayudan a calcular determinantes de una manera más óptima.

Teorema 3.3.7. *Un determinante no varía al sumar a los elementos de una línea los correspondientes de otra paralela, multiplicados por cualquier número.*

Demostración. Supongamos que en la matriz A sustituimos los elementos de la fila i por los de la fila i más los de las fila j multiplicados por k. Entonces La nueva fila i está formada por $a_{i1} + ka_{j1}, a_{i2} + ka_{j2}, \ldots$ Así, podemos separar el determinante como suma de dos, ya que la fila i es suma de dos sumandos. Como el primer determinante vale $|A|$ y el segundo vale cero, tenemos el resultado deseado. □

Corolario 3.3.8. *Si una línea de un determinante es la suma de varias paralelas a ella, multiplicada cada una por un número, el determinante es nulo.*

El resultado anterior se puede resumir en que si una línea es combinación lineal de las otras, el determinante es nulo. Este concepto lo veremos con más detalle en la siguiente sección.

Veamos un ejemplo de como podemos calcular un determinante utilizando estos resultados.

$$\begin{vmatrix} 4 & 0 & -1 & 3 & 2 \\ -2 & 1 & 3 & 0 & 0 \\ -1 & 2 & 0 & 2 & 5 \\ 0 & 0 & 0 & -1 & 0 \\ 0 & -3 & 1 & 4 & 3 \end{vmatrix} = - \begin{vmatrix} 4 & 0 & -1 & 2 \\ -2 & 1 & 3 & 0 \\ -1 & 2 & 0 & 5 \\ 0 & -3 & 1 & 3 \end{vmatrix} =$$

$$= - \begin{vmatrix} 4 & 2 & -1 & 2 \\ -2 & 1 & 3 & 0 \\ -1 & 7 & 0 & 5 \\ 0 & 0 & 1 & 3 \end{vmatrix} = - \begin{vmatrix} 4 & 2 & -1 & 5 \\ -2 & 1 & 3 & -9 \\ -1 & 7 & 0 & 5 \\ 0 & 0 & 1 & 0 \end{vmatrix} = \begin{vmatrix} 4 & 2 & 5 \\ -2 & 1 & -9 \\ -1 & 7 & 5 \end{vmatrix} = 245.$$

3.4. Rango de una matriz

Veamos ahora uno de los invariantes más importantes de las matrices, el rango o característica. Para ello, necesitamos unas definiciones previas.

Definición 3.4.1. Diremos que una línea l es **combinación lineal** de otras líneas $l_1, l_2, \ldots, l_n$, cuando se puede escribir como sumas de éstas multiplicadas por factores $\alpha_1, \alpha_2, \ldots, \alpha_n$, es decir, $l = \alpha_1 \cdot l_1 + \alpha_2 \cdot l_2 + \ldots + \alpha_n \cdot l_n$.

Notemos que si la línea i es combinación linear de las líneas $l'_1, \ldots l'_k$ y éstas son combinaciones lineales de las líneas $l_1, \ldots, l_p$ entonces la fila i es combinación lineal de éstas últimas.

Definición 3.4.2. Se llama **menor** de orden h a un determinante que esté formado por h filas y h columnas cualesquiera de una matriz.

Definición 3.4.3. Sea M un menor de orden h. Al menor de orden $h+1$ obtenido de añadirle una fila y una columna más a la matriz asociada a M se denomina **menor orlado** de M de orden $h+1$.

El siguiente resultado nos relaciona los conceptos anteriores.

Teorema 3.4.4. *Si son nulos todos los menores obtenidos orlando un menor $M \neq 0$ con la fila i y cada una de las columnas de la matriz, o si no existe ningún orlado, dicha fila i es una combinación lineal de las h filas de la matriz asociada a M.*

Demostración. Para toda columna j se tiene que
$$\begin{vmatrix} a_{11} & a_{12} & \cdots & a_{1h} & a_{1j} \\ a_{21} & a_{22} & \cdots & a_{2h} & a_{2j} \\ \vdots & \vdots & \ddots & \vdots & \vdots \\ a_{h1} & a_{h2} & \cdots & a_{hh} & a_{hj} \\ a_{i1} & a_{i2} & \cdots & a_{ih} & a_{ij} \end{vmatrix} = 0.$$
Esto quiere decir que $a_{1j}A_{1j} + a_{2j}A_{2j} + \ldots + a_{hj}A_{hj} + a_{ij}M = 0$ y, por tanto, $a_{ij} = -a_{1j}\frac{A_{1j}}{M} - a_{2j}\frac{A_{2j}}{M} + \ldots - a_{hj}\frac{A_{hj}}{M}$. $\square$

Veamos un ejemplo de esto. Sea $A = \begin{pmatrix} 1 & -1 & 2 & 5 & -7 \\ 3 & -7 & 4 & -3 & 9 \\ 2 & -4 & 3 & 1 & 1 \end{pmatrix}$. Se verifica que

$\begin{vmatrix} 1 & -1 \\ 3 & -7 \end{vmatrix} \neq 0$. Pero $\begin{vmatrix} 1 & -1 & 2 \\ 3 & -7 & 4 \\ 2 & -4 & 3 \end{vmatrix} = \begin{vmatrix} 1 & -1 & 5 \\ 3 & -7 & -3 \\ 2 & -4 & 1 \end{vmatrix} = \begin{vmatrix} 1 & -1 & -7 \\ 3 & -7 & 9 \\ 2 & -4 & 1 \end{vmatrix} = 0$. Deducimos que la tercera fila es combinación lineal de las otras dos, de hecho, $1/2$ de la primera más $1/2$ de la segunda dan como resultado la tercera fila. Ya tenemos todas las herramientas necesarias para definir el rango de una matriz.

Definición 3.4.5. Llamamos **rango de una matriz** A, al mayor orden de sus menores no nulos y se denota por $rg(A)$. Los menores no nulos de orden $rg(A)$ se denominan principales.

Otra forma conocida de llamar al rango es «característica». El siguiente resultado se obtiene como consecuencia de relacionar el Teorema 3.4.4 con la definición de rango.

Proposición 3.4.6. *Sea A una matriz y P un menor principal. Todas las líneas de A son combinaciones lineales de las líneas de la matriz asociada a P.*

Proposición 3.4.7. *Sea A una matriz tal que |A| = 0. Entonces tiene al menos una línea que es combinación lineal de las demás.*

El siguiente teorema nos simplifica el cálculo del rango de matrices.

Teorema 3.4.8. *Si a una matriz se le agrega o se le suprime una línea que es combinación lineal de las demás, el rango no varía.*

Demostración. Sea A una matriz de rango h, y A' la matriz que resulta de añadirle una línea más, línea k, combinación lineal de líneas de A. Los menores, M_i, de orden $h+1$ que no están en A son los formados por la línea k y h líneas de A. Si los menores de esas h líneas son nulos, entonces $M_i = 0$. Si no lo son, son principales y, al tener una línea combinación lineal del resto, $M_i = 0$. Así, el rango de A' es h. $\qquad\square$

Veamos un ejemplo práctico de este teorema. Sea $A = \begin{pmatrix} 0 & 1 & -3 & -2 & 0 \\ 2 & 3 & -1 & 6 & 2 \\ 3 & 5 & -3 & 8 & 3 \\ 4 & 8 & -8 & 8 & 4 \\ 1 & 1 & 1 & 1 & 1 \\ 6 & 11 & -9 & 14 & 6 \end{pmatrix}$. Tene-

mos que $rg(A) = rg(A_1)$ con $A_1 = \begin{pmatrix} 0 & 1 & -3 & -2 \\ 2 & 3 & -1 & 6 \\ 3 & 5 & -3 & 8 \\ 4 & 8 & -8 & 8 \\ 1 & 1 & 1 & 1 \\ 6 & 11 & -9 & 14 \end{pmatrix}$. Como $\begin{vmatrix} 0 & 1 \\ 2 & 3 \end{vmatrix} \neq 0$ y

$$\begin{vmatrix} 0 & 1 & -3 \\ 2 & 3 & -1 \\ 3 & 5 & -3 \end{vmatrix} = \begin{vmatrix} 0 & 1 & -2 \\ 2 & 3 & 6 \\ 3 & 5 & 8 \end{vmatrix} = 0, \text{ tenemos que } rg(A) = rg(A_2) \text{ con } A_2 = \begin{pmatrix} 0 & 1 & -3 & -2 \\ 2 & 3 & -1 & 6 \\ 4 & 8 & -8 & 8 \\ 1 & 1 & 1 & 1 \\ 6 & 11 & -9 & 14 \end{pmatrix}.$$

Podemos seguir aplicando este procedimiento de manera recursiva y concluyendo al final que $rg(A) = 2$.

Debido a que las transformaciones elementales realizadas en una matriz no afectan a su rango, las formas normales y las formas escalonadas nos permiten calcular el rango de las matrices de una manera más cómoda como puede comprobarse en los siguientes resultados.

Proposición 3.4.9. *El rango de una matriz no varía mediante transformaciones lineales.*

Corolario 3.4.10. *Si N es la forma normal de A, entonces tienen el mismo rango que A, es decir, $rg(A) = rg(N)$.*

Corolario 3.4.11. *Sea H la matriz escalonada reducida equivalente por fila de A, entonces $rg(H) = rg(A)$.*

3.5. Cálculo de la matriz inversa

La última aplicación que veremos para los determinantes es el cálculo de matrices inversas.

Definición 3.5.1. Sea $A \in \mathcal{M}_{n \times n}(\mathbb{K})$. Se denomina **matriz adjunta** de A a la matriz

$$Adj(A) = \begin{pmatrix} A_{11} & A_{12} & \ldots & A_{1n} \\ A_{21} & A_{22} & \ldots & A_{2n} \\ \vdots & \vdots & \ddots & \vdots \\ A_{n1} & A_{n2} & \ldots & A_{nn} \end{pmatrix}.$$

Definición 3.5.2. Sea $A \in \mathcal{M}_{n \times n}(\mathbb{K})$. Si $|A| \neq 0$ diremos que A es **regular**. En caso contrario, diremos que A es **singular**.

Ya estamos en condiciones de presentar un método para el cálculo de la matriz inversa.

Teorema 3.5.3 (Fórmula de la matriz inversa). *Sea $A \in M_{n \times n}(\mathbb{K})$ una matriz regular. Entonces $A^{-1} = \dfrac{Adj(A)^t}{|A|}$.*

Corolario 3.5.4. *Una matriz tiene inversa si y solo si es regular.*

Cerramos esta sección con una aplicación directa del teorema anterior. Sea

$$A = \begin{pmatrix} 2 & 0 \\ 5 & 1 \end{pmatrix}.$$

Tenemos que $Adj(A) = \begin{pmatrix} 1 & -5 \\ 0 & 2 \end{pmatrix}$. Luego $Adj(A)^t = \begin{pmatrix} 1 & 0 \\ -5 & 2 \end{pmatrix}$ y $A^{-1} = \begin{pmatrix} 1/2 & 0 \\ -5/2 & 1 \end{pmatrix}$.

3.6. Ejercicios

Ejercicio 3.1. *La matriz A tiene m filas y n columnas, la B, p filas y q columnas. ¿Qué relación debe haber entre m, n, p y q para que los dos productos matriciales $A \times B$ y $B \times A$ puedan efectuarse? ¿Qué dimensiones tienen las matrices producto respectivas? Poner ejemplos.*

Ejercicio 3.2. *Si $M = \begin{pmatrix} a & b \\ c & d \end{pmatrix}$, probar que se cumple $M^2 - (a + d)M + (ad - bc)I_2 = 0$, siendo I_2 la matriz identidad de segundo orden, y 0 la matriz nula.*

Ejercicio 3.3. *Demostrar que todas las matrices diagonales del mismo orden conmutan entre sí. Recíprocamente, si A es una matriz diagonal, que no es escalar, y es $A \times B = B \times A$, la matriz B también es diagonal.*

Ejercicio 3.4. *Se llama traza de una matriz cuadrada a la suma de los elementos de la diagonal principal: $\text{Tr}(A) = \sum_{i=1}^{i=n} a_{ii}$. Probar que:*

$$\text{Tr}(A + B) = \text{Tr}(A) + \text{Tr}(B), \quad \text{Tr}(AB) = \text{Tr}(BA).$$

Ejercicio 3.5. *Determinar X tal que: AX = B, siendo:*

$$A = \begin{pmatrix} 1 & 1 \\ 1 & 0 \\ 1 & 1 \end{pmatrix} \quad y\ B = \begin{pmatrix} 2 & 1 \\ 0 & 2 \\ 2 & 1 \end{pmatrix}.$$

Ejercicio 3.6. *Hallar todas las matrices que conmutan en el producto con*

$$A = \begin{pmatrix} 1 & 2 \\ 0 & 3 \end{pmatrix}.$$

Ejercicio 3.7. *Hallar matrices equivalentes, escalonadas por filas, de las siguientes matrices:*

$$\begin{pmatrix} 1 & 1 & 1 & 2 & 0 \\ 9 & 11 & 7 & 26 & 2 \\ 1 & 2 & 0 & 6 & 1 \\ 0 & 3 & -3 & 12 & 3 \end{pmatrix}, \quad \begin{pmatrix} 1 & 1 & 2 & 0 & 0 \\ 9 & 1 & 10 & 8 & 2 \\ 1 & 1 & 2 & 0 & 1 \\ 0 & 1 & 1 & -1 & 3 \end{pmatrix}.$$

¿Cuáles son las respectivas características (rangos) de ambas?

Ejercicio 3.8. *Hallar una matriz escalonada por filas que sea equivalente a la matriz:*

$$\begin{pmatrix} \bar{0} & \bar{0} & \bar{0} & \bar{1} & \bar{2} & \bar{2} \\ \bar{0} & \bar{0} & \bar{2} & \bar{3} & \bar{3} & \bar{3} \\ \bar{0} & \bar{0} & \bar{4} & \bar{2} & \bar{4} & \bar{4} \\ \bar{0} & \bar{0} & \bar{1} & \bar{1} & \bar{1} & \bar{0} \end{pmatrix}$$

cuyos elementos pertenecen al cuerpo finito $\mathbb{Z}/5$. ¿Cuál es su característica?

Ejercicio 3.9. *Hallar una matriz escalonada por filas que sea equivalente a la matriz:*

$$\begin{pmatrix} 1 & -3 & 5 & 0 & 2 & 1/2 \\ -2 & 6 & -10 & 0 & -4 & -1 \\ -2 & 6 & 0 & 1 & 4 & -3 \\ 0 & 0 & 10 & 1 & 8 & -2 \\ -1 & 3 & 0 & 1/2 & 2 & -3/2 \end{pmatrix}$$

¿Cuál es su característica?

Ejercicio 3.10. *Escribir una matriz simétrica 4×4 con elementos en el cuerpo $\mathbb{R}$; ídem, una antisimétrica. Descomponer la matriz* $\begin{pmatrix} 1 & -3 & 5 & -7 \\ 9 & -11 & 13 & -15 \\ 17 & -19 & 21 & -23 \\ 25 & -27 & 29 & 31 \end{pmatrix}$ *en la suma de una matriz simétrica y una antisimétrica.*

Ejercicio 3.11. *Descomponer la matriz* $\begin{pmatrix} \overline{1} & \overline{2} \\ \overline{4} & \overline{6} \end{pmatrix}$, *cuyos elementos pertenecen al cuerpo $\mathbb{Z}/7\mathbb{Z}$, en la suma de una matriz simétrica y una antisimétrica.*

Ejercicio 3.12. *Hallar las formas normales de las matrices dadas en los ejercicios 6, 7 y 8.*

Ejercicio 3.13. *Mediante trasformaciones elementales de filas, trasformar la matriz* $\begin{pmatrix} 7 & 2 \\ 3 & 1 \end{pmatrix}$ *en la matriz unidad. Hallar su matriz inversa.*

Ejercicio 3.14. *Resolver el mismo problema anterior sólo mediante transformaciones elementales de columnas.*

Ejercicio 3.15. *Mediante trasformaciones elementales de filas hallar la inversa de la matriz:*

$$\begin{pmatrix} 7 & 2 & 1 \\ 3 & 1 & 1 \\ 1 & 1 & 4 \end{pmatrix}.$$

Ejercicio 3.16. *El mismo cálculo anterior pero únicamente con trasformaciones elementales de columnas.*

Ejercicio 3.17. *Hallar las inversas de las matrices de los ejercicios 12 y 14 por determinantes.*

Ejercicio 3.18. *Si se multiplica una matriz m×n por otra n×m, siendo m > n, el determinante de la matriz producto es nulo. Verificarlo con diversos ejemplos.*

Ejercicio 3.19. *Mediante reducciones de órdenes, calcular los valores de*

1. $\begin{vmatrix} 1 & 2 & 3 \\ 3 & 4 & 0 \\ 2 & -1 & -1 \end{vmatrix}$,

2. $\begin{vmatrix} 1 & 2 & 4 \\ 5 & -11 & 26 \\ -2 & -3 & 5 \end{vmatrix}$,

3. $\begin{vmatrix} -4 & -2 & 0 & 0 \\ 2 & 4 & 1 & 0 \\ -6 & 0 & 2 & -3 \\ -1 & 0 & 0 & 1 \end{vmatrix}$,

4. $\begin{vmatrix} 3 & -2 & -4 & 0 \\ 0 & 4 & 2 & 0 \\ 0 & 0 & -6 & -3 \\ 3 & 0 & -1 & -1 \end{vmatrix}$,

5. $\begin{vmatrix} 3 & -2 & 1 & 0 \\ 0 & -2 & 1 & 0 \\ 0 & 6 & 2 & -3 \\ 3 & 1 & 0 & 1 \end{vmatrix}$,

6. $\begin{vmatrix} 1 & 2 & 3 & 4 & 5 \\ 0 & 1 & 0 & 0 & -1 \\ 1 & 0 & -2 & 1 & 0 \\ 2 & -1 & 3 & 0 & -1 \\ 0 & 1 & 2 & -1 & 0 \end{vmatrix}$.

Ejercicio 3.20. *Probar la siguiente igualdad:* $\begin{vmatrix} a^2 & ab & b^2 \\ 2a & a+b & 2b \\ 1 & 1 & 1 \end{vmatrix} = (a-b)^3.$

[*Consejo: Réstense de la primera columna, la segunda, y de la segunda, la tercera, y sáquense factores comunes de las columnas que resultan.*]

Ejercicio 3.21. *Desarrollar los determinantes:*

$a) \begin{vmatrix} x & y \\ -b & a \end{vmatrix},$

$b) \begin{vmatrix} x & y & 1 \\ 4 & -1 & 1 \\ 3 & 2 & 1 \end{vmatrix},$

$c) \begin{vmatrix} xy & x+y & 1 \\ 6 & 5 & 1 \\ -2 & -1 & 1 \end{vmatrix},$

$d) \begin{vmatrix} x & y & 1 \\ a & 0 & 1 \\ 0 & b & 1 \end{vmatrix},$

$e) \begin{vmatrix} x & y & z & 1 \\ 2 & 0 & 0 & 1 \\ 0 & -1 & 0 & 1 \\ 0 & 0 & 3 & 1 \end{vmatrix},$

$f) \begin{vmatrix} xy & x & y & 1 \\ 0 & 0 & -2 & 1 \\ 0 & 1 & 0 & 1 \\ 4/3 & 2 & 2/3 & 1 \end{vmatrix},$

$g) \begin{vmatrix} x^2+y^2 & x & y & 1 \\ 0 & 0 & 0 & 1 \\ 4 & 2 & 0 & 1 \\ 9 & 0 & 3 & 1 \end{vmatrix}.$

Ejercicio 3.22. *a*) *Calcular x para que el determinante de la siguiente matriz sea 1:*

$$A = \begin{pmatrix} x & 1 & 2 \\ 1 & 2 & 1 \\ 1 & 1 & 1 \end{pmatrix}.$$

b) *Una vez calculada x, comprobar que la matriz inversa de la matriz A es:*

$$A^{-1} = \begin{pmatrix} 1 & 1 & -3 \\ 0 & 1 & -1 \\ -1 & -2 & 5 \end{pmatrix}.$$

c) *Escribir las ecuaciones del sistema: AX = B siendo* $X = \begin{pmatrix} x \\ y \\ z \end{pmatrix}$ *y* $B = \begin{pmatrix} a \\ b \\ c \end{pmatrix}$.

d) *Resolver el sistema anterior por medio de la matriz inversa* A^{-1}.

Ejercicio 3.23. *Desarrollar el determinante:*

$$
\begin{vmatrix}
x^2 & xy & y^2 & x & y & 1 \\
0 & 0 & 0 & 0 & 0 & 1 \\
0 & 0 & 1 & 0 & -1 & 1 \\
1 & 0 & 0 & 1 & 0 & 1 \\
4 & -2 & 1 & 2 & -1 & 1 \\
1 & 4 & 16 & 1 & -4 & 1
\end{vmatrix}.
$$

Ejercicio 3.24. *Calcular el determinante:*

$$
\begin{vmatrix}
0 & a & a & a \\
a & 0 & a & a \\
a & a & 0 & a \\
a & a & a & 0
\end{vmatrix}.
$$

[Consejo: Súmense a la primera columna las otras tres, sáquese 3 como factor común, y réstese la primera columna que resulta de las otras tres.]

Ejercicio 3.25. *Resolver la ecuación:*

$$
\begin{vmatrix}
1 & x & x & x \\
x & 1 & x & x \\
x & x & 1 & x \\
x & x & x & 1
\end{vmatrix} = 0.
\tag{3.1}
$$

Ejercicio 3.26. *Calcular el valor del siguiente determinante con elementos en $\mathbb{C}$, el cuerpo de los complejos:*

$$\begin{vmatrix} 3+7i & 0 & -4 & 1 & 7 \\ -2+3i & 8 & 1 & 0 & -5 \\ -2 & 8 & 0 & 6 & -5 \\ 1+10i & 8 & -3 & 1 & 2 \\ 3i & 0 & 1 & -6 & 0 \end{vmatrix}.$$

Ejercicio 3.27. *Escribir un determinante de orden cuatro sin elementos nulos, y del cuerpo finito $\mathbb{Z}/7$, y calcular su valor por dos procedimientos distintos.*

Ejercicio 3.28. *Demostrar la fórmula de recurrencia $D_n = a_n D_{n-1} + D_{n-2}$, siendo:*

$$D_n = \begin{vmatrix} a_1 & 1 & 0 & 0 & \cdots & 0 \\ -1 & a_2 & 1 & 0 & \cdots & 0 \\ 0 & -1 & a_3 & 1 & \cdots & 0 \\ \vdots & \vdots & \vdots & \vdots & \ddots & \vdots \\ 0 & 0 & 0 & 0 & \cdots & a_n \end{vmatrix}.$$

Ejercicio 3.29. *Resolver la ecuación:*

$$\begin{vmatrix} a+x & x & x & x \\ x & b+x & x & x \\ x & x & c+x & x \\ x & x & x & d+x \end{vmatrix} = 0. \qquad (3.2)$$

Ejercicio 3.30. *Demostrar la identidad:*

$$
\begin{vmatrix}
a_0 & a_1 & a_2 & \cdots & a_{n-1} & a_n \\
-1 & x & 0 & \cdots & 0 & 0 \\
0 & -1 & x & \cdots & 0 & 0 \\
\vdots & \vdots & \vdots & \ddots & \vdots & \vdots \\
0 & 0 & 0 & \cdots & -1 & x
\end{vmatrix} = a_0 x^n + a_1 x^{n-1} + \cdots + a_n.
$$

Capítulo 4

Sistemas de ecuaciones lineales

Este breve capítulo se centra en como resolver sistemas de ecuaciones lineales para afianzar los conocimientos previos del lector.

En este capítulo podremos conocer:

- El algoritmo PageRank, utilizado por la empresa Google para ordenar los resultados de su buscador.

Definición 4.0.1. Se denomina **sistema de ecuaciones lineales** a un conjunto de m ecuaciones de primer grado con n incógnitas que deben satisfacerse simultáneamente.

En algunas ocasiones, lo abreviaremos como S.E.L.

Si tenemos el sistema $\begin{cases} a_{11}x_1 & +a_{12}x_2 & \ldots & +a_{1n}x_n & = b_1 \\ a_{21}x_1 & +a_{22}x_2 & \ldots & +a_{2n}x_n & = b_2 \\ \ldots & \ldots & \ldots & \ldots & \ldots \\ a_{m1}x_1 & +a_{m2}x_2 & \ldots & +a_{mn}x_n & = b_m \end{cases}$, podemos definir las

matrices $A = \begin{pmatrix} a_{11} & a_{12} & \ldots & a_{1n} \\ a_{21} & a_{22} & \ldots & a_{2n} \\ \ldots & \ldots & \ldots & \ldots \\ a_{m1} & a_{m2} & \ldots & a_{mn} \end{pmatrix}$, $b = (b_1, b_2, \ldots, b_m)^t$ y $x = (x_1, x_2, \ldots, x_m)^t$ de forma que $Ax = b$.

Definición 4.0.2. Con la notación anterior, A se denomina **matriz de coeficientes** y b la de **términos independientes**. La matriz que se obtiene al añadir a la matriz A una última columna formada por los elementos de b se denomina **matriz ampliada**.

Atendiendo al número de soluciones de un sistema de ecuaciones lineales, tenemos la siguiente clasificación.

Definición 4.0.3. Un sistema de ecuaciones es:

- **incompatible** si no tiene solución.

- **compatible indeterminado** si tiene infinitas soluciones.

- **compatible determinado** si tiene una única solución.

De igual manera, si nos fijamos en los términos independientes, tenemos la siguiente definición.

Definición 4.0.4. Un sistema de ecuaciones $Ax = b$ es **homogéneo** si el vector b es nulo.

Notemos que la solución trivial $x_1 = \ldots = x_n = 0$ siempre es solución de un sistema homogéneo, por tanto, estos sistemas son siempre compatibles. La siguiente definición será clave para resolver sistemas de ecuaciones lineales.

Definición 4.0.5. Dos **sistemas de ecuaciones** son **equivalentes** si tienen las mismas soluciones.

Por tanto, nuestro objetivo será encontrar sistemas de ecuaciones lineales más simples que sean equivalentes a los que tengamos que resolver. El siguiente resultado nos permite saber a priori si un sistema tiene o no solución y, en caso afirmativo, si esta es única.

Teorema 4.0.6 (Rouché-Frobenius). *Un sistema de ecuaciones lineales tiene solución si y solo si su matriz de coeficientes y su matriz ampliada tienen el mismo rango. Además, si h es el rango de ambas matrices y n el número de incógnitas, se verifica que:*

- *si h < n el sistema es indeterminado.*

- *si h = n, es determinado.*

4.1. Método de Gauss

El primer método que veremos se basa en el siguiente resultado.

Teorema 4.1.1. *Si en un sistema de ecuaciones sustituimos una ecuación por la que resulta de sumarle otra multiplicada por un factor no nulo del mismo sistema, el nuevo sistema es equivalente al original.*

Con éste resultado obtenemos el Algoritmo 2.

Algoritmo 2 Método de Gauss

Formar la matriz ampliada.

Mediante transformaciones elementales de **filas**, formar una matriz triangular superior.

Resolver este sistema asociado.

Veamos un ejemplo. Supongamos que queremos resolver el sistema $\begin{cases} 7x & +3y & -z & = 8 \\ 2x & +y & -2z & = 6 \\ 3x & +4y & -34z & = 1 \end{cases}$

La matriz ampliada sería $\begin{pmatrix} 7 & 3 & -1 & \bigm| & 8 \\ 2 & 1 & -2 & \bigm| & 6 \\ 3 & 4 & -34 & \bigm| & 1 \end{pmatrix}$.

Triangulando, obtenemos la matriz $\begin{pmatrix} 1 & -5 & 67 & \bigm| & 6 \\ 0 & 6 & -74 & \bigm| & 10 \\ 0 & 0 & -1 & \bigm| & -73 \end{pmatrix}$, que corresponde al sistema

$$\begin{cases} x & -5y & +67z & = 6 \\ 0 & 6y & -74z & = 10 \\ 0 & 0 & -z & = -73 \end{cases}.$$

Este sistema es más fácil de resolver que el original y es equivalente a él. Si lo resolvemos obtenemos que $z = 73$, $y = 902$, $x = 375$.

4.2.   Regla de Crammer

El algoritmo de la sección anterior tiene el problema que para el cálculo de una variable, se necesita conocer el valor de las anteriores. Además, si nos equivocamos al calcular uno de estos valores, iremos arrastrando el error. La regla de Crammer nos permite calcular el valor de las variables de manera independiente.

Teorema 4.2.1 (Regla de Crammer). *Sea $Ax = b$ un sistema de ecuaciones con $A \in M_{n \times n}(\mathbb{K})$ con $|A| \neq 0$, entonces el valor de cada incógnita se obtiene dividiendo por el determinante del sistema, el determinante formado sustituyendo por los términos independientes la columna que forman los coeficientes de dicha incógnita.*

Veamos un ejemplo. Sea el sistema $\begin{cases} 5x & +3y & -2z & = -3 \\ 4x & -y & -z & = 5 \\ 6x & -2y & -9z & = 1 \end{cases}$. Si denotamos por A a la matriz de coeficientes, tenemos que $|A| = 129$. Si calculamos los determinantes asociados a cada una de las variables, tenemos que $\begin{vmatrix} -3 & 3 & -2 \\ 5 & -1 & -1 \\ 1 & -2 & -9 \end{vmatrix} = 129,$ $\begin{vmatrix} 5 & -3 & -2 \\ 4 & 5 & -1 \\ 6 & 1 & -9 \end{vmatrix} = -258$ y

$\begin{vmatrix} 5 & 3 & -3 \\ 4 & -1 & 5 \\ 6 & -2 & 1 \end{vmatrix} = 129.$ Por tanto, $x = 1$, $y = -2$, $z = 1$.

4.3. Aplicaciones

Los sistemas de ecuaciones tienen miles de aplicaciones para modelar problemas de la vida cotidiana. Uno de estos problemas es cómo ordenar las páginas web según las palabras que haya introducido el usuario en el buscador. Una posible solución es el algoritmo Page-Rank, famoso al haber sido utilizado por Google.

Supongamos que tenemos n páginas y cada una tiene una importancia x_i con $1 \leq i \leq n$, la cual queremos conocer para mostrarlas por orden. Si la página i enlaza con m_i páginas, significa que asigna a cada una de esas páginas $1/m_i$ de su relevancia. Por tanto, si definimos:

$$a_{ij} = \begin{cases} 1/m_i & \text{si la página } i \text{ enlaza con la página } j \\ 0 & \text{en caso contrario} \end{cases}$$

tenemos que

$$x_1 = a_{21}x_2 + a_{31}x_3 + \ldots + a_{n1}x_n$$
$$x_2 = a_{12}x_1 + a_{32}x_3 + \ldots + a_{n2}x_n$$
$$\vdots$$
$$x_n = a_{1n}x_1 + a_{2n}x_2 + \ldots + a_{(n-1)n}x_{n-1}$$

Resolviendo este simple sistema de ecuaciones lineales podremos ordenar las páginas por relevancia y ofrecer al usuario la información más importante en primer lugar.

4.4. Ejercicios

Ejercicio 4.1. *Escribir un sistema de tres ecuaciones con tres incógnitas que tenga una solución prefijada. Ídem para uno indeterminado y para uno incompatible.*

Ejercicio 4.2. *Probar que la diferencia entre dos soluciones de un sistema indeterminado es una solución del sistema homogéneo asociado.*

Ejercicio 4.3. *Resolver los sistemas siguientes por alguno de los métodos estudiados:*

1) $\begin{cases} 2x - y = 7 \\ 3x + 2y = 0 \end{cases}$

2) $\begin{cases} x - y = a + b \\ ax + by = 0 \end{cases}$

3) $\begin{cases} \dfrac{x - a}{m} = \dfrac{y - b}{n} \\ px + py = d \end{cases}$

4) $\begin{cases} x + y - 2z = 9 \\ 3x + 3z = -6 \\ 2x - 3y + z = -7 \end{cases}$

5) $\begin{cases} x + y + z = 1 \\ 2x + 3y - z = 2 \\ 3x - y + z = 3 \end{cases}$

6) $\begin{cases} x + y = 1 \\ 9y - 3z = 10 \\ 3x - 3y + 5 = 0 \end{cases}$

$$7) \begin{cases} x + y + z + t & = 14 \\ 2y - 4t & = -7 \\ x + z & = 10 \\ z + 2t & = 9 \end{cases}$$

Ejercicio 4.4. *Discutir y resolver el sistema*

$$\begin{cases} (m + 3)x + 2(m + 1)y = 4 \\ x + my = m \end{cases}$$

según los distintos valores de m.

Ejercicio 4.5. *Discutir y resolver el sistema*

$$\begin{cases} (m - 1)x + (m + 2)y = 2m \\ (2m + 1)x - 2(m + 2)y = m - 2 \end{cases}$$

según los distintos valores de m.

Ejercicio 4.6. *Dado el sistema*

$$\begin{cases} 3x + 2y + mz = 0 \\ 2x + y + 3z = 0 \\ x - 3y - 2z = 0 \end{cases}$$

calcular m a fin de que tenga una solución no trivial. Obtener ésta.

Ejercicio 4.7. *Discutir y resolver el sistema*

$$\begin{cases} mx + y + z = 1 \\ x + my + z = m \\ x + y + mz = m^2 \end{cases}$$

Ejercicio 4.8. *En el siguiente sistema de ecuaciones:*

$$\begin{cases} ax + 2y = 2 \\ 2x + ay = a \\ x - y \quad = -1 \end{cases}$$

a) *Probar que, cualquiera que sea el valor de a, el sistema es compatible.*

b) *Determinar para qué valores de a el sistema es determinado y para cuáles indeterminado.*

c) *Hallar las soluciones en uno y otro caso.*

Ejercicio 4.9. *Discutir el siguiente sistema, según los valores de los parámetros a y b :*

$$\begin{cases} x + 2y + z = 2 \\ x + y + 2z = 3 \\ x + 3y + az = 1 \\ x + 2y + z = b \end{cases}$$

Ejercicio 4.10. *Dado el sistema homogéneo:* $\begin{cases} 3x - y - z \quad = 0 \\ 3x + 2y + kz \quad = 0 \\ x - y - 4z \quad = 0 \end{cases}$

a) *Indicar para qué valores de k el sistema solamente tiene la solución trivial.*

b) *Dar una solución no trivial para un valor de k que lo haga compatible.*

Ejercicio 4.11. *a)* *Demostrar que es condición necesaria pero no suficiente, para la compatibilidad de un sistema de n + 1 ecuaciones con n incógnitas que el determinante de la matriz ampliada sea nulo.*

b) *Poner un ejemplo del apartado anterior con un sistema de tres ecuaciones con dos incógnitas.*

Ejercicio 4.12. *Hallar los valores de* α, β, γ *que satisfagan la identidad:*

$$\alpha(x - 2y + z) + \beta(x - 3y + 5z) + \gamma(5x - 11y + 9z) = 0.$$

Ejercicio 4.13. *Se sabe que el sistema:*

$$\begin{cases} ax + by + 1 = 0 \\ a'x + b'y + c = 0 \end{cases}$$

tiene la solución $x = 1, y = 2$ *y la* $x = 7, y = 3$*. ¿Qué puede afirmarse respecto de las soluciones del sistema?, ¿cuántas tiene?, ¿cuáles son?*

Ejercicio 4.14. *Discutir, según los valores del parámetro* λ*, el sistema:*

$$\begin{cases} x + y + z & = \lambda + 1 \\ 3y + 2z & = 2\lambda + 3. \\ 3x + (\lambda - 1)y + z & = \lambda \end{cases}$$

¿Existe algún valor de λ *para el que el sistema admite la solución* $\left(-\frac{1}{2}, 0, \frac{1}{2}\right)$ *?*

Ejercicio 4.15. *Discutir y resolver, si es posible, el siguiente sistema, según los valores del parámetro* a *:*

$$\begin{cases} ax + y + z + t = a \\ x + ay + z + t = a \\ x + y + az + t = a \\ x + y + z + at = a \end{cases}.$$

Ejercicio 4.16. *Ídem:*

$$\begin{cases} (a + 1)x + y + z = a^2 + 3a \\ x + (a + 1)y + z = a^3 + 3a^2 \\ x + y + (a + 1)z = a^4 + 3a^3 \end{cases}$$

Ejercicio 4.17. *Aplicar el método de Gauss al siguiente sistema, según los valores de a y b, y resolverlo cuando sea posible:*

$$\begin{cases} x & + & y & + & z & = & 4 \\ 4x & + & 3y & + & 4z & = & 6 \\ 3x & + & 2y & + & 4z & = & b \\ 5x & + & 4y & + & az & = & 10 \end{cases}$$

Ejercicio 4.18. *Las matrices normal y ampliada asociadas al sistema anterior son, respectivamente:*

$$S = \begin{pmatrix} 1 & 1 & 1 \\ 4 & 3 & 4 \\ 3 & 2 & 2 \\ 5 & 4 & a \end{pmatrix}, \qquad A = \begin{pmatrix} 1 & 1 & 1 & 4 \\ 4 & 3 & 4 & 6 \\ 3 & 2 & 2 & b \\ 5 & 4 & a & 10 \end{pmatrix}.$$

Hallar las características (rangos) de cada una según los valores de a y b, y un menor principal en ambas.

Capítulo 5

Espacios vectoriales

En este capítulo veremos una de las estructuras más importantes en Álgebra Lineal: los espacios vectoriales. Esta estructura nos permite relacionar y operar grupos con cuerpos.

En este capítulo podremos conocer:

- Herramientas con una infinidad de aplicaciones tanto teóricas como prácticas.

5.1. Introducción

En primer lugar, estudiaremos los conceptos necesarios para ahondar en esta estructura.

Definición 5.1.1. Sea $(V, +)$ un grupo, $(\mathbb{K}, \oplus, \otimes)$ un cuerpo y $\cdot : \mathbb{K} \times V \to V$ una operación externa. Diremos que V es un $\mathbb{K}$-**espacio vectorial** si para todo $\lambda, \mu \in \mathbb{K}$, $v, w \in V$ se verifican las siguientes propiedades

1. $1_\otimes \cdot v = v$.

2. $\lambda \cdot (\mu \cdot v) = (\lambda \otimes \mu) \cdot v$.

3. $\lambda \cdot (v + w) = \lambda \cdot v + \lambda \cdot w$.

4. $(\lambda \oplus \mu) \cdot v = \lambda \cdot v + \mu \cdot v$.

En este caso, a los elementos de V se les denominará vectores, a los de $\mathbb{K}$, escalares y a la operación $\cdot$, producto por un escalar.

Siempre que no haya riesgo de confusión, omitiremos los operadores $\otimes$ y $\cdot$. Por tanto, escribiremos, por ejemplo, $\lambda(\mu v) = (\lambda\mu)v$ en lugar de $\lambda \cdot (\mu \cdot v) = (\lambda \otimes \mu) \cdot v$.

Un ejemplo de $\mathbb{R}$-espacio vectorial es $\mathbb{R}^n$ con la operación $\cdot : \mathbb{R} \times \mathbb{R}^n \to \mathbb{R}^n$ definida como $\lambda \cdot (x_1, \ldots, x_n) = (\lambda x_1, \ldots, \lambda x_n)$. Claramente, $\mathbb{R}^n$ es un grupo y $\mathbb{R}$ es un cuerpo. Comprobemos las cuatros propiedades. Sean $\lambda, \mu \in \mathbb{R}$, $(x_1, \ldots, x_n), (y_1, \ldots, y_n) \in \mathbb{R}^n$ entonces:

1. $1 \cdot (x_1, \ldots, x_n) = (x_1, \ldots, x_n)$.

2. $\lambda(\mu(x_1, \ldots, x_n)) = \lambda(\mu x_1, \ldots, \mu x_n) = \lambda(\mu x_1, \ldots, \mu x_n) =$
   $= (\lambda\mu x_1, \ldots, \lambda\mu x_n) = \lambda\mu(x_1, \ldots, x_n)$.

3. $\lambda((x_1, \ldots, x_n) + (y_1, \ldots, y_n)) = \lambda(x_1 + y_1, \ldots, x_n + y_n) = (\lambda(x_1 + y_1), \ldots, \lambda(x_n + y_n)) = (\lambda x_1 + \lambda y_1, \ldots, \lambda x_n + \lambda y_n) = (\lambda x_1, \ldots, \lambda x_n) + (\lambda y_1, \ldots, \lambda y_n) = \lambda(x_1, \ldots, x_n) + \lambda(y_1, \ldots, y_n)$.

4. $(\lambda + \mu)(x_1, \ldots, x_n) = ((\lambda + \mu)x_1, \ldots, (\lambda + \mu)x_n) = (\lambda x_1 + \mu x_1, \ldots, \lambda x_n + \mu x_n) = (\lambda x_1, \ldots, \lambda x_n) + (\mu x_1, \ldots, +\mu x_n) = \lambda(x_1, \ldots, x_n) + \mu(x_1, \ldots, x_n)$.

Otros ejemplos de $\mathbb{K}$-espacios vectoriales son $\mathcal{M}_{m \times n}(\mathbb{K})$ o los polinomios con coeficientes en $\mathbb{K}$. Existe un espacio vectorial particular denominado espacio trivial y es aquel cuyo grupo está formado por el elemento neutro de la suma. Veamos ahora que propiedades verifican los espacios vectoriales.

Proposición 5.1.2. *Sea V un $\mathbb{K}$-espacio vectorial. Para todo $\lambda \in \mathbb{K}$ y para todo $v \in V$ se verifican:*

1. $0_\oplus v = 0_+$.

2. $\lambda \cdot 0_+ = 0_+$.

3. $-(\lambda v) = (-\lambda)v$.

4. $-(\lambda v) = \lambda(-v)$.

Demostración. Utilizaremos el símbolo 0 para referirnos tanto a $0_\oplus$ como 0_+.

1. Tenemos que $\lambda v = (\lambda + 0)v = \lambda v + 0v$. Por tanto, $0v = 0$.

2. Como $\lambda v = \lambda(v + 0) = \lambda v + \lambda 0$. Así, $\lambda 0 = 0$.

3. Comprobemos que el opuesto to de λv es $(-\lambda)v$. Para ello veamos que su suma es cero. $\lambda v + (-\lambda)v = (\lambda - \lambda)v = 0v = 0$. Hacemos lo mismo con el opuesto $\lambda(-v)$: $\lambda v + \lambda(-v) = \lambda(v - v) = \lambda 0 = 0$.

$\square$

Los siguientes conceptos son clave tanto en este capítulo como en los posteriores.

Definición 5.1.3. Sea V un $\mathbb{K}$-espacio vectorial. Dados $v_1, v_2, \ldots, v_n \in V$ y $\lambda_1, \lambda_2, \ldots, \lambda_n \in \mathbb{K}$, un vector w es **combinación lineal** de ellos si $w = \lambda_1 v_1 + \lambda_2 v_2 + \ldots + \lambda_n v_n$.

Por ejemplo, el vector $(3, 0, 0)$ es combinación lineal de los vectores $(1, 0, 0)$, $(0, 5, 9)$ y $(0, 0, \pi)$ ya que $(3, 0, 0) = 3 \cdot (1, 0, 0) + 0 \cdot (0, 5, 9) + 1 \cdot (0, 0, \pi)$.

Definición 5.1.4. Sea V un $\mathbb{K}$-espacio vectorial. Los vectores $v_1, v_2, \ldots$ son **generadores** de V si cualquier vector es una combinación lineal de ellos. El conjunto formado por los generadores se denomina **sistema generador** y si éste tiene un numero finito de elementos diremos que V está finitamente generado.

Une ejemplo, el $\mathbb{R}$-espacio vectorial $\mathbb{R}^3$ está generado por $(1, 0, 0)$, $(0, 5, 9)$ y $(0, 0, \pi)$, por tanto, está finitamente generado.

Definición 5.1.5. Sea V un $\mathbb{K}$-espacio vectorial. Diremos que los vectores $v_1, \ldots, v_n$ son **linealmente independientes** si la igualdad $\lambda_1 v_1 + \lambda_2 v_2 + \ldots + \lambda_n v_n = 0$ solamente se verifica para $\lambda_1 = \lambda_2 = \ldots = \lambda_n = 0$. En caso contrario, diremos que son **linealmente dependientes**.

Veamos algunos ejemplos.

Ejemplo 5.1.6. Sean $v_1 = (1, 0, 0)$, $v_2 = (0, 5, 9)$ y $v_3 = (0, 0, \pi)$. Comprobemos que son linealmente independientes. Si $\lambda_1(1, 0, 0) + \lambda_2(0, 5, 9) + \lambda_3(0, 0, \pi) = 0$, entonces $(\lambda_1, 5\lambda_2, 9\lambda_2 + \pi\lambda_3) = 0$ se cumple sólo en caso de que $\lambda_1 = \lambda_2 = \lambda_3 = 0$.

Ejemplo 5.1.7. Sean $v_1 = x^2 + 5$ y $v_2 = 2x^2 + 1$ dos polinomios. Veamos que son linealmente independientes. Si $\lambda_1(x^2 + 5) + \lambda_2(2x^2 + 1) = 0$, entonces $(\lambda_1 + 2\lambda_2)x^2 5\lambda_1 + \lambda_2 = 0$. De aquí se deduce que $\lambda_1 + 2\lambda_2 = 0$ y $5\lambda_1 + \lambda_2 = 0$. Si resolvemos este sistema tenemos que $\lambda_1 = \lambda_2 = 0$.

Veamos un último resultado que nos aporta más propiedades sobre la dependencia lineal de vectores.

Proposición 5.1.8. *Sea V un $\mathbb{K}$-espacio vectorial. Se verifica:*

1. *Si los vectores del conjunto $\{v_1, v_2, \ldots, v_n\}$ son linealmente independientes también lo son los de cualquier subconjunto suyo.*

2. *Si los vectores del conjunto $\{v_1, v_2, \ldots, v_n\}$ son linealmente dependientes también lo son los vectores del conjunto que resulta al añadirle un vector cualquiera w.*

3. *El vector 0 es combinación lineal de cualquier familia de vectores.*

4. *Un vector v es combinación lineal de todo conjunto que lo contenga.*

Demostración. Demostremos las dos primeras afirmaciones:

1. Sin pérdida de generalidad, demostremos la independencia lineal para $\{v_1, v_2, \ldots, v_{n-1}\}$. Lo haremos por reducción al absurdo: supongamos que no lo son, entonces existen $\lambda_1, \ldots, \lambda_{n-1}$ no todos ceros tales que $\lambda_1 v_1 + \ldots + \lambda_{n-1}v_{n-1} = 0$. Pero entonces, $\lambda_1 v_1 + \ldots + \lambda_{n-1}v_{n-1} + 0v_n = 0$ lo cual es una contradicción.

2. Si el conjunto es dependiente, existen $\lambda_1, \ldots, \lambda_n$ no todos ceros tales que $\lambda_1 v_1 + \ldots + \lambda_n v_n = 0$. Por tanto, $\lambda_1 v_1 + \ldots + \lambda_n v_n + 0w = 0$ y tenemos el resultado.

3. Sea $\{v_1, \ldots, v_n\}$ una familia de vectores. Basta notar que $0v_+ \ldots + 0v_n = 0$.

4. Si la familia es de la forma $\{v_1, \ldots, v_n, v\}$, tenemos que $0v_+ \ldots + 0v_n + v = v$.

$\square$

En el próximo capítulo, concretamente gracias a la Definición 6.2.1, utilizaremos el concepto de independencia lineal para calcular de una manera más cómoda el rango de una matriz.

5.2. Base de un espacio vectorial

Veremos ahora el concepto más importante que utilizaremos cuando trabajamos con espacios vectoriales.

Definición 5.2.1. Sean V un $\mathbb{K}$-espacio vectorial y $v_1, \ldots, v_n \in V$. Decimos que el conjunto $B = \{v_1, \ldots, v_n\}$ es una **base** de V si es un sistema generador de V y además, los vectores que forman dicho conjunto son linealmente independientes.

De los ejemplos anteriores podemos deducir que el conjunto $\{(1, 0, 0), (0, 5, 9), (0, 0, \pi)\}$ es una base de $\mathbb{R}^3$. Notemos que las bases no son únicas, por ejemplo $\{(1, 0, 0), (0, 1, 0), (0, 0, 1)\}$ es otra base de $\mathbb{R}^3$. A esta última base se la conoce como base canónica.

La base es muy importante en el estudio de espacios vectoriales ya que cualquier vector se va a poder descomponer de manera única utilizando los elementos de dicha base. Esto nos permite crear un sistema de coordenadas que es fundamental para identificar a cualquier vector del espacio y poder trabajar con él. Lo que resta de capítulo lo dedicaremos al estudio de las propiedades de las bases.

Teorema 5.2.2. *Todo vector de un espacio vectorial se expresa de manera única como combinación lineal de los vectores de una base.*

Demostración. Sea V un $\mathbb{K}$-espacio vectorial y sea $B = \{v_1, v_2, \ldots, v_n\}$ una base de V. Por ser un sistema generador, sabemos que todo elemento $v \in V$ tiene una expresión como combinación lineal de los elementos de B. Supongamos que hay dos expresiones. Entonces existen $\lambda_1, \ldots, \lambda_n, \mu_1, \ldots, \mu_n$ tales que $v = \lambda_1 v_1 + \ldots + \lambda_n v_n$ y $v = \mu_1 v_1 + \ldots + \mu_n v_n$. Si restamos ambas expresiones tenemos que $0 = (\lambda_1 - \mu_1) v_1 + \ldots + (\lambda_n - \mu_n) v_n$. Como los vectores de una base son linealmente independientes, se tiene que los coeficientes han de ser nulos, lo que equivale a que $\lambda_1 = \mu_1, \ldots, \lambda_n = \mu_n$ $\qquad\square$

Esta unicidad es la que nos permite poder definir las coordenadas de un vector.

Definición 5.2.3. Los coeficientes de la expresión del vector v en la base B son las **coordenadas** de v en dicha base.

Notemos que un mismo vector tiene coordenadas diferentes en cada base. Por ejemplo, si B es la base canónica y $B' = \{v_1 = (1, 0, 0), v_2 = (0, 5, 9), v_3 = (0, 0, \pi)\}$, tenemos que el vector v_2 tiene de coordenadas $(0, 5, 9)$ en la base canónica y $(0, 1, 0)$ en la base B'.

Lema 5.2.4. *Sea V un $\mathbb{K}$-espacio vectorial y $B = \{v_1, v_2, \ldots, v_n\}$ una base de V. Si v es un vector tal que la expresión $v = \lambda_1 v_1 + \ldots + \lambda_n v_n$ verifica que $\lambda_1 \neq 0$ entonces el conjunto $B' = \{v, v_2, \ldots, v_n\}$ también es una base de V.*

Demostración. Veamos en primer lugar que B' es un sistema generador. Notemos que bastaría con que genere los elementos de B. Claramente, $v_2, \ldots, v_n$ se generan, así que sólo tenemos que comprobar que podemos generar v_1. Como $v = \lambda_1 v_1 + \ldots + \lambda_n v_n$ entonces $v_1 = v/\lambda_1 - \lambda_2 v_2 - \ldots - \lambda_n v_n$. Comprobemos ahora que son linealmente independientes. Para ello estudiemos la igualdad $\mu v + \mu_2 v_2 + \ldots + \mu_n v_n = 0$ y veamos que todos los escalares valen cero. Si sustituimos v por su valor, tenemos que $\mu(\lambda_1 v_1 + \ldots + \lambda_n v_n) + \mu_2 v_2 + \ldots + \mu_n v_n = 0$. Sacando factor común, se tiene que $(\mu\lambda_1) v_1 + (\mu\lambda_2 + \mu_2) v_2 + \ldots + (\mu\lambda_n + \mu_n) v_n = 0$. Como B es linealmente independiente, $\mu\lambda_1 = 0$, luego $\mu = 0$. Por tanto, la expresión anterior nos queda $\mu_2 v_2 + \ldots + \mu_n v_n = 0$ y, de nuevo, como B es una base, $\mu_2 = \ldots = \mu_n = 0$. $\qquad\square$

Teorema 5.2.5 (Steinitz). *Sea V un $\mathbb{K}$-espacio vectorial, $B = \{v_1, v_2, \ldots, v_n\}$ una base de V y $w_1, \ldots, w_k \in V$ vectores independientes. Entonces pueden elegirse $n - k$ vectores de B de forma que $B' = \{w_1, \ldots, w_k, v_{i_{k+1}}, \ldots, v_{i_n}\}$ es otra base de V, para ciertos índices $i_{k+1}, \ldots, i_n \in \mathbb{N}$.*

Demostración. Basta aplicar el lema anterior $n - k$ veces para ir cambiando k elementos de B por los vectores $w_1, \ldots, w_k$. $\qquad\square$

Corolario 5.2.6. *Sea V un $\mathbb{K}$-espacio vectorial, $B = \{v_1, v_2, \ldots, v_n\}$ una base de V y $w_1, \ldots, w_k$ vectores independientes. Entonces $k \leq n$.*

De este resultado junto con el anterior, tenemos el siguiente teorema que resulta fundamental en el estudio de los espacios vectoriales.

Teorema 5.2.7. *Todas las bases de un espacio vectorial tienen el mismo cardinal.*

Ya que este cardinal es único, la siguiente definición cobra sentido.

Definición 5.2.8. El cardinal de una base de un espacio vectorial se denomina **dimensión**.

Corolario 5.2.9. *Sea V un $\mathbb{K}$-espacio vectorial de dimensión n. Entonces, n vectores linealmente independientes forman una base.*

Por ejemplo, como el $\mathbb{R}$-espacio vectorial $\mathcal{M}_{2\times2}(\mathbb{R})$ tiene por base

$$\left\{ \begin{pmatrix} 1 & 0 \\ 0 & 0 \end{pmatrix}, \begin{pmatrix} 0 & 1 \\ 0 & 0 \end{pmatrix}, \begin{pmatrix} 0 & 0 \\ 1 & 0 \end{pmatrix}, \begin{pmatrix} 0 & 0 \\ 0 & 1 \end{pmatrix} \right\},$$

su dimensión es 4.

Corolario 5.2.10. *Sea V un $\mathbb{K}$-espacio vectorial. Si $dim V = n$, todo conjunto con más de n vectores es linealmente dependiente.*

El siguiente resultado se obtiene como consecuencia del teorema de Steinitz y será utilizado con frecuencia a lo largo de los ejercicios.

Corolario 5.2.11. *Sea V un $\mathbb{K}$-espacio vectorial de dimensión n, y $v_1, v_2, \ldots, v_k$, k vectores linealmente independientes (con $k < n$). Entonces, siempre podemos extender el conjunto $\{v_1, \ldots, v_k\}$ a una base del espacio.*

Capítulo 6

Subespacios vectoriales

En el capítulo anterior vimos la noción de espacio vectorial y sus propiedades básicas. En este, veremos que podemos tener espacios vectoriales dentro de otros espacios vectoriales y las implicaciones que tiene este hecho.

En este capítulo podremos conocer:

- Códigos lineales: Veremos como aplicar las propiedades que conocemos sobre espacios vectoriales para ser capaces de codificar y decodificar mensajes sin error.

- Criptografía postcuántica: Daremos una pincelada sobre cómo crear códigos robustos que resistan la llegada de los ordenadores cuánticos.

6.1. Definiciones básicas

Veamos en primer lugar la definición de subespacio vectorial.

Definición 6.1.1. Sea V un $\mathbb{K}$-espacio vectorial. Diremos que un subconjunto no vacío $W \subset V$ es un **subespacio vectorial** de V si es también un $\mathbb{K}$-espacio vectorial, es decir, si

- W es cerrado para la suma: $\forall u, v \in W$, entonces $u + v \in W$.

- W es cerrado para el producto por escalares: $\forall u \in W, \forall \lambda \in \mathbb{K}$, entonces $\lambda u \in W$.

En la definición anterior hemos supuesto que los subespacios vectoriales son no vacíos, ya que son los más interesantes a la hora de estudiarlos, sin embargo, es común hablar de este tipo de subespacios con el apellido de «propios», y en el caso de que sean vacíos (o el espacio completo) como «impropios».

Estas dos condiciones se pueden resumir en el siguiente resultado.

Teorema 6.1.2. *Sea V un $\mathbb{K}$-espacio vectorial y $W \subset V$, $W \neq \emptyset$. W es un subespacio vectorial si y solo si para todo $v, w \in W$ y $\lambda, \mu \in \mathbb{K}$ se verifica que $\lambda v + \mu w \in W$.*

Veamos un ejemplo. Sea $W = \{(x, y, z) \in \mathbb{R}^3 \mid x + y + z = 0\}$. Comprobemos que este conjunto es un subespacio vectorial de $\mathbb{R}^3$. En primer lugar, como $(0, 0, 0) \in W$, este conjunto es no vacío. Sean $x = (x_1, x_2, x_3)$, $y = (y_1, y_2, y_3) \in \mathbb{R}^3$, $\lambda, \mu \in \mathbb{R}$ tales que $x_1 + x_2 + x_3 = y_1 + y_2 + y_3 = 0$. Entonces $\lambda x + \mu y = (\lambda x_1 + \mu y_1, \lambda x_2 + \mu y_2, \lambda x_3 + \mu y_3)$. Como $\lambda x_1 + \mu y_1 + \lambda x_2 + \mu y_2 + \lambda x_3 + \mu y_3 = 0$, este elemento está en el conjunto y por tanto, W es un subespacio vectorial por la caracterización del resultado anterior. Calculemos ahora su dimensión, para ello necesitamos en primer lugar obtener una base. Sea $w = (x, y, z) \in W$, sabemos que $x + y + z = 0$, es decir, $z = -x - y$. Por tanto, $w = (x, y, -x - y) = x(1, 0, -1) + y(0, 1, -1)$. Así, el conjunto $\{(1, 0, -1), (0, 1, -1)\}$ es una base de W y $dim(W) = 2$.

Veamos como podemos construir nuevos subespacios a partir de unos ya existentes. La demostración del próximo resultado es directo y queda como ejercicio para el lector.

Teorema 6.1.3. *Sea V un $\mathbb{K}$-espacio vectorial y $W_1, W_2 \subset V$ dos subespacios vectoriales. Entonces los siguientes conjuntos también lo son:*

- $W_1 \cap W_2$

- $W_1 + W_2 = \{x + y \mid x \in W_1, y \in W_2\}$.

El siguiente teorema nos relaciona la dimensión de los subespacios anteriores.

Teorema 6.1.4. *Sea V un $\mathbb{K}$-espacio vectorial y $W_1, W_2 \subset V$ dos subespacios vectoriales. Se verifica que* $\dim(W_1 + W_2) + \dim(W_1 \cap W_2) = \dim(W_1) + \dim(W_2)$.

Demostración. Sean $W = W_1 \cap W_2$, $r = dim(W)$, $p = dim(W_1)$ y $q = dim(W_2)$. Sea $\{i_1, \ldots, i_r\}$ una base de W. Aplicando el teorema de Steinitz, podemos ampliar la dicha base con $p - r$ y $q - r$ vectores linealmente independientes hasta obtener bases de W_1 y W_2. Por tanto, una base de $W_1 + W_2$ tendrá $r + p - r + q - r = p + q - r$ elementos. Así, $\dim(W_1 + W_2) + \dim(W_1 \cap W_2) = \dim(W_1) + \dim(W_2)$. $\qquad\square$

Un tipo particular de suma es la que se obtiene cuando ambos subespacios solo tienen al cero como intersección.

Definición 6.1.5. Sea V un $\mathbb{K}$-espacio vectorial y $W_1, W_2 \subset V$ dos subespacios vectoriales tales que $W_1 \cap W_2 = \{0\}$, al subespacio $W_1 + W_2$ se le denomina **suma directa** de W_1 y W_2 y se denota por $W_1 \oplus W_2$.

En estos subespacios es muy fácil calcular bases y dimensiones.

Proposición 6.1.6. *Sea V un $\mathbb{K}$-espacio vectorial y $W_1, W_2 \subset V$ dos subespacios vectoriales tales que $W_1 \cap W_2 = \{0\}$. Si B_{W_1} y B_{W_2} son bases de W_1 y W_2 respectivamente, entonces $B_{W_1} \cup B_{W_2}$ es una base de $W_1 \oplus W_2$.*

Podemos generar también un subespacio vectorial a partir de un conjunto arbitrario de vectores. Si $v_1, v_2, \ldots, v_k$ son elementos de V, podemos generar el subespacio formado por todas sus combinaciones lineales, $W = \{\sum_{i=1}^{k} \lambda_i v_i \mid \lambda_i \in \mathbb{K}, 1 \leq i \leq k\}$. A este subespacio se le conoce como variedad lineal.

Definición 6.1.7. Dado un conjunto de vectores $v_1, \ldots, v_n \in V$ de un espacio vectorial, se define la **variedad lineal** generada por dicho conjunto de vectores como el subespacio

formado por todas las combinaciones lineales de éstos y se denota por $\langle\{v_1, \ldots, v_n\}\rangle$. Más concretamente,

$$\langle\{v_1, \ldots, v_n\}\rangle = \{a_1v_1 + a_2v_2 + \cdots + a_nv_n : n \in \mathbb{N}, \ a_i \in \mathbb{K}, \ i = 1, \ldots, n\}.$$

Notemos que el conjunto $\{v_1, \ldots, v_n\}$ es sistema generador de dicho subespacio, de hecho, el subespacio $\langle\{v_1, \ldots, v_n\}\rangle$ es el menor subespacio de V que contiene a este conjunto de vectores.

Definición 6.1.8. Sea G un conjunto de vectores. Llamamos **rango** de G a la dimensión del subespacio que generan dichos vectores.

6.2. Ecuaciones de un subespacio vectorial

Veamos ahora como podemos asociar un sistema de ecuaciones lineales a una variedad lineal. Para ello primero estudiaremos la relación que existe entre matrices y espacios vectoriales. Sea $A \in \mathcal{M}_{n \times m}(\mathbb{K})$ y consideremos cada fila como un elemento en $\mathbb{K}^m$. Podemos plantearnos estudiar el espacio vectorial que generan dichos elementos. De forma análoga, podríamos estudiar el subespacio que generan los elementos de las columnas en $\mathbb{K}^n$.

Definición 6.2.1. Sea $A \in \mathcal{M}_{n \times m}(\mathbb{K})$. Llamamos **rango por filas (por columnas)** de una matriz a la dimensión del subespacio que generan sus filas (columnas).

Notemos que el rango de matrices que habíamos aprendido a calcular utilizando menores coincide con el rango por filas (por columnas). Por tanto, esto nos proporciona una herramienta para calcular dimensiones de subespacios vectoriales conociendo sus sistemas generadores. Por ejemplo si W está generado por $\{(1, 2, 3), (2, 4, 6)\}$, como el rango de la matriz $\begin{pmatrix} 1 & 2 & 3 \\ 2 & 4 & 6 \end{pmatrix}$ es uno, podemos afirmar que la dimensión de $W = \langle\{(1, 2, 3), (2, 4, 6)\}\rangle$ es uno.

6.2.1. Ecuaciones paramétricas

Sea V un $\mathbb{K}$-espacio vectorial, $B = \{b_1, b_2, \ldots, b_n\}$ una base de V y sea $W \subset V$ un subespacio vectorial con base $B_W = \{w_1, w_2, \ldots, w_m\}$. Dado que $W \subset V$, entonces, los vectores de B_W se pueden escribir como combinación lineal de los vectores de B, siendo más concretos

$$w_1 = a_{11}b_1 + a_{21}b_2 + \ldots + a_{n1}b_n,$$

$$w_2 = a_{12}b_1 + a_{22}b_2 + \ldots + a_{n2}b_n,$$

$$\vdots$$

$$w_m = a_{1m}b_1 + a_{2m}b_2 + \ldots + a_{nm}b_n,$$

o lo que es lo mismo, escrito como coordenadas respecto de la base B

$$w_1 = (a_{11}, a_{21}, \ldots, a_{n1})_B,$$

$$w_2 = (a_{12}, a_{22}, \ldots, a_{n2})_B,$$

$$\vdots$$

$$w_m = (a_{1m}, a_{2m}, \ldots, a_{nm})_B.$$

Además, si $x \in W$ entonces se puede escribir como una combinación lineal de elementos de B_W. Así, $x = \lambda_1 w_1 + \lambda_2 w_2 + \ldots + \lambda_m w_m$.

Por otra parte, como $x \in V$, entonces tendrá también unas coordenadas respecto de la base B, es decir, $x = (x_1, \ldots, x_n)_B$. Igualando las dos expresiones que hemos deducido para x nos quedaría

$$x = (x_1, \ldots, x_n)_B = \lambda w_1 + \lambda_2 w_2 + \ldots + \lambda_m w_m.$$

Usando a su vez las coordenadas de cada uno de los vectores w_i, con $i = 1, \ldots, m$

respecto de la base B en la igualdad de arriba tenemos que:

$$x = (x_1, \ldots, x_n)_B = \lambda_1 (a_{11}, a_{21}, \ldots, a_{n1})_B +$$
$$+ \lambda_2 (a_{12}, a_{22}, \ldots, a_{n2})_B +$$
$$\vdots$$
$$+ \lambda_m (a_{1m}, a_{2m}, \ldots, a_{nm})_B .$$

Por último, operando y teniendo en cuenta que las coordenadas de un vector respecto de una base son únicas, podemos igualar coordenada a coordenada, llegando al siguiente sistema, cuyas ecuaciones son las que se denominan ecuaciones paramétricas asociadas al subespacio vectorial W :

$$\text{ecuaciones paramétricas:} \begin{cases} x_1 = a_{11}\lambda_1 + a_{12}\lambda_2 + \cdots + a_{1m}\lambda_m \\ x_2 = a_{21}\lambda_1 + a_{22}\lambda_2 + \cdots + a_{2m}\lambda_m \\ \vdots \\ x_n = a_{n1}\lambda_1 + a_{n2}\lambda_2 + \cdots + a_{nm}\lambda_m. \end{cases}$$

Veamos un ejemplo: supongamos que queremos hallar las ecuaciones del subespacio vectorial de $\mathbb{R}^3$ generado por $(1, 2, 4)$ y $(-2, 4, 5)$. En primer lugar, notemos que estos vectores son linealmente independientes, si no lo fueran, tendríamos que eliminar los vectores dependientes. Si (x, y, z) pertenece al subepsacio, entonces $(x, y, z) = \lambda_1 (1, 2, 4) + \lambda_2 (-2, 4, 5)$. Por tanto, las ecuaciones paramétricas son $x = \lambda_1 - 2\lambda_2$, $y = 2\lambda_1 + 4\lambda_2$ y $z = 4\lambda_1 + 5\lambda_2$.

6.2.2. Ecuaciones implícitas

Sea W un subespacio vectorial generado por los vectores $v_1, v_2, \ldots, v_m$ y sea A la matriz que tiene por columnas dichos vectores. Dicha matriz tiene por tanto la forma

$$A = \begin{pmatrix} v_{11} & v_{21} & \cdots & v_{m1} \\ v_{12} & v_{22} & \cdots & v_{m2} \\ \vdots & \vdots & \vdots & \vdots \\ v_{1n} & v_{2n} & \cdots & v_{mn} \end{pmatrix}.$$

Supongamos que las primeras k filas y k columnas forman un menor principal de la matriz y sea $(x_1, x_2, \ldots, x_n) \in W$. Llamamos ecuaciones implícitas a cada uno de los siguientes $n - k$ determinantes:

$$
\begin{vmatrix}
x_1 & v_{11} & v_{21} & \cdots & v_{k1} \\
x_2 & v_{12} & v_{22} & \cdots & v_{k2} \\
\vdots & \vdots & \vdots & & \vdots \\
x_k & v_{1k} & v_{2k} & \cdots & v_{kk} \\
x_{k+1} & v_{1(k+1)} & v_{2(k+1)} & \cdots & v_{k(k+1)}
\end{vmatrix} = 0, \ldots,
\quad
\begin{vmatrix}
x_1 & v_{11} & v_{21} & \cdots & v_{k1} \\
x_2 & v_{12} & v_{22} & \cdots & v_{k2} \\
\vdots & \vdots & \vdots & & \vdots \\
x_k & v_{1k} & v_{2k} & \cdots & v_{kk} \\
x_n & v_{1n} & v_{2n} & \cdots & v_{kn}
\end{vmatrix} = 0.
$$

Estas ecuaciones pueden obtenerse de las paramétricas eliminando los parámetros. Notemos que debido a esto, si W es un subespacio vectorial de V, el número de ecuaciones implícitas necesarias para describir W será de $dim(V) - dim(W)$. Veamos un par de ejemplos.

Ejemplo 6.2.2. Sea W el subespacio vectorial de $\mathbb{R}^3$ generado por $(1, 2, 4)$ y $(-2, 4, 5)$. En primer lugar, construimos la matriz $A = \begin{pmatrix} 1 & -2 \\ 2 & 4 \\ 4 & 5 \end{pmatrix}$ y notamos que un menor principal es

$\begin{vmatrix} 1 & -2 \\ 2 & 4 \end{vmatrix} \neq 0$. A continuación, si $(x, y, z) \in W$ tenemos que la matriz $B = \begin{pmatrix} x & 1 & -2 \\ y & 2 & 4 \\ z & 4 & 5 \end{pmatrix}$

tiene que tener el mismo rango que A y por lo tanto, su determinante es cero. Así, $|B| = 6x + 13y - 8z = 0$. Esta es su ecuación implícita.

Ejemplo 6.2.3. Sea W el espacio vectorial generado por $(1, 0, 2, 2, 4)$ y $(7, 1, 0, 8, 6)$. En este caso, tenemos que la matriz asociada es $A = \begin{pmatrix} 1 & 7 \\ 0 & 1 \\ 2 & 0 \\ 2 & 8 \\ 4 & 6 \end{pmatrix}$. Vemos que el menor $\begin{vmatrix} 1 & 7 \\ 0 & 1 \end{vmatrix} \neq 0$ es

principal. Si $(x_1, x_2, x_3, x_4, x_5) \in W$, entonces la matriz $\begin{pmatrix} x_1 & 1 & 7 \\ x_2 & 0 & 1 \\ x_3 & 2 & 0 \\ x_4 & 2 & 8 \\ x_5 & 4 & 6 \end{pmatrix}$ tiene que tener el mismo

rango. Por lo tanto, $\begin{vmatrix} x_1 & 1 & 7 \\ x_2 & 0 & 1 \\ x_3 & 2 & 0 \end{vmatrix} = 0, \begin{vmatrix} x_1 & 1 & 7 \\ x_2 & 0 & 1 \\ x_4 & 2 & 8 \end{vmatrix} = 0$ y $\begin{vmatrix} x_1 & 1 & 7 \\ x_2 & 0 & 1 \\ x_5 & 4 & 6 \end{vmatrix} = 0$.

Obtenemos entonces las ecuaciones implícitas $2x_1 - 14x_2 - x_3 = 0$, $2x_1 - 6x_2 - x_4 = 0$ y $4x_1 - 22x_2 - x_5 = 0$.

6.3. Aplicaciones

Los espacios vectoriales tienen muchas aplicaciones, desde formalizar los conceptos de criptografía cuántica mostrados en el Capítulo 2 hasta aplicaciones en Astronomía o Geología (por ejemplo en el estudio de terremotos usando «wavelets»). En esta sección presentaremos cómo podemos aplicar lo visto hasta ahora a la Teoría de Códigos.

6.3.1. Códigos Lineales

Cada vez que mandamos un mensaje usando nuestros teléfonos, tenemos que, en primer lugar, convertir el mensaje en una cadena de ceros y unos. Posteriormente, este mensaje debe de viajar por un medio lleno de interferencias hasta finalmente llegar al dispositivo del receptor y volver a convertirse en una cadena de caracteres. En cualquiera de estos pasos se puede cometer un error, lo cual puede significar que el mensaje recibido y el emitido no tiene por qué ser idénticos. Veamos como podemos minimizar estos errores utilizando espacios vectoriales.

Supongamos que queremos codificar mensajes de longitud n usando ceros y unos. A estas tuplas que forman parte del código, las llamaremos palabras y las elegiremos de manera que formen un espacio vectorial. Por ejemplo, nuestro código C, podría ser el conjunto de palabras generadas por $\{(1,0,0),(0,1,0)\}$. Así, $(1,1,0) \in C$ pero $(0,0,1) \notin C$. Si tras el proceso de envío, la palabra que nos llega pertenece a nuestro código, la podemos aceptar como correcta, pero ¿qué pasa si no es así? Una primera idea podría ser considerar la distancia entre las palabras, es decir, el número de bits distintos. Si nos llegara la palabra $(1,1,1)$ y tenemos dudas si nuestra palabra debería ser $(1,1,0)$ ó $(1,0,0)$, como respecto a la primera solo hay un bit de diferencia y respecto a la segunda hay dos, al ser más probable cometer un solo error que dos, por lo que supondríamos que el emisor nos mandó $(1,1,0)$. Sin embargo, si nuestro código es muy grande, este método no es factible. Es por ello que tenemos que utilizar las propiedades de los espacios vectoriales.

Supongamos que enviamos un mensaje x^* y al receptor le llega $y = x^* + e$ con e un cierto error, veamos como podemos corregirlo. Denotamos por C a nuestro código y para cada palabra tupla a de ceros y unos, definimos los conjuntos $a + C = \{a + c \mid c \in C\}$. Notemos que $y \in \bar{a} + C$ para alguna tupla $\bar{a}$, luego $y = \bar{a} + x$ para alguna palabra x. Así, $x^* + e = \bar{a} + x$ y $e = \bar{a} + (x - x^*)$. Como C es un espacio lineal $x - x^* \in C$ y $e \in \bar{a} + C$. Por tanto, hemos visto que tanto el error como el mensaje recibido pertenecen al mismo conjunto $\bar{a} + C$. Suponiendo que la probabilidad de que se produzca un error es baja, para corregir la palabra que nos llega tendremos que restar a dicha palabra el elemento con menos unos de $\bar{a}+C$. Veámoslo con un ejemplo concreto: supongamos que tenemos el código C generado por $\{(1,1,1,0),(0,1,0,1)\}$, es decir, el código $\{(0,0,0,0),(1,1,1,0),(0,1,0,1),(1,0,1,1)\}$. Si calculamos los posibles conjuntos $a + C$, tenemos que son:

$$\{(0,0,0,0),(1,1,1,0),(0,1,0,1),(1,0,1,1)\}$$
$$\{(1,0,0,0),(0,1,1,0),(1,1,0,1),(0,0,1,1)\}$$
$$\{(0,1,0,0),(1,0,1,0),(0,0,0,1),(1,1,1,1)\}$$
$$\{(0,0,1,0),(1,1,0,0),(0,1,1,1),(1,0,0,1)\}$$

Este cálculo se puede realizar de manera rápida y una vez que los tenemos podemos corregir las palabras también de una manera eficiente. Si nos llega, por ejemplo, el mensaje

$(1, 1, 0, 0)$ que no está en el código, tendríamos que bucarla en el conjunto correspondiente, buscar la tupla con menos unos, en este caso $(0, 0, 1, 0)$ y hacer la resta $(1, 1, 0, 0) - (0, 0, 1, 0)$ por lo que la palabra enviada sería $(1, 1, 1, 0)$.

6.3.2. Criptografía postcuántica

Métodos de encriptación hay muchos, en el Capítulo 1 vimos el RSA, sin embargo, la llegada de los ordenadores cuánticos van a revolucionar los algoritmos utilizados hasta la fechas. Existen varias propuestas para imponerse como estándar, una de ellas se basa en criptosistemas McEliece utilizando códigos Goppa. Esto es, usar códigos lineales, como los vistos anteriormente, pero utilizando polinomios. La idea es aprovechar esta habilidad de correción para encriptar mensajes. Es decir, si nuestro código puede corregir, por ejemplo t errores, cuando encriptemos, tendremos que cambiar de manera aleatoria ese número de bits y para desencriptar solo tendremos que corregirlo.

Este tipo de código, si bien no tuvieron una gran aceptación en sus orígenes, cada vez está ganando más popularidad ya que no puede ser atacado utilizando el algoritmo de Shor (como sí sucede con el algortimo RSA) y, se ha demostrado que la encriptación y desencriptación en criptosistemas McEliece con códigos Goppa es más eficiente que utilizar el algorimo RSA. Finalmente, también hay que destacar que con una variación de estos criptosistemas podemos conseguir firmas digitales.

6.4. Ejercicios

Ejercicio 6.1. *Demostrar que el conjunto de los polinomios de grado menor o igual a 3, con coeficientes reales, constituyen un espacio vectorial de dimensión cuatro. Generalización. Probar que $B = \left\{ 1, x, x^2, x^3 \right\}$ es una base, llamada la base canónica. Hacer lo mismo con $B' = \left\{ 1, 1 + x, 1 + x^2, 1 + x^3 \right\}$. Hallar las coordenadas de $(x + 1)^3$ respecto de B'.*

Ejercicio 6.2. *a) Si (a, b) y (c, d) son dos pares de números reales tales que: $a/c \neq b/d$, probar que $B = \{(a, b), (c, d)\}$ es una base de $\mathbb{R}^2$.*

b) Sea $B = \{(5, 3), (2, 4)\}$ una base de $\mathbb{R}^2$. Hallar otra base B' del mismo espacio de tal manera que la ecuación:

$$\begin{pmatrix} x' \\ y' \end{pmatrix} = \begin{pmatrix} 1 & 1 \\ 3 & 4 \end{pmatrix} \begin{pmatrix} x \\ y \end{pmatrix}$$

sea la ecuación de cambio de coordenadas, siendo (x, y) e (x', y') las coordenadas de un vector en B y B', respectivamente.

Ejercicio 6.3. *Probar que el conjunto de las soluciones de la ecuación homogénea $Ax + By + Cz = 0$ es un subespacio de $\mathbb{R}^3$. Generalización.*

Ejercicio 6.4. *Si S es un subespacio de E, aplicando el teorema de la base incompleta, probar que:*

$$\dim(E \setminus S) = \dim E - \dim S$$

Ejercicio 6.5. *a) Escribir una matriz 3×5, con elementos en $\mathbb{Z}$, cuya característica (rango) sea 2 .*

b) Escribir las ecuaciones paramétricas de la variedad lineal engendrada por las columnas, vectores de $\mathbb{R}^3$.

c) Idem con las filas, vectores de $\mathbb{R}^5$.

d) Hallar la ecuación implícita de la variedad engendrada por las columnas: $3 - 2 = 1$.

e) Hallar las tres ecuaciones implícitas de la variedad engendrada por las filas: $5 - 2 = 3$.

Ejercicio 6.6. *En* $\mathbb{R}^4$ *se considera el conjunto C formado por los siguientes vectores:*

$$C = \{(3, 2, 5, 4), (6, 3, 6, 3), (-3, 2, 0, 5), (6, -1, a, 5)\}\,.$$

a) Hallar la característica de la variedad lineal engendrada por ellos (dimensión del subespacio que genera), según los valores del parámetro a.

b) Para a = 0 hallar las ecuaciones paramétricas e implícitas de dicha variedad.

Capítulo 7

Aplicaciones lineales

Veremos ahora como podemos relacionar dos espacios vectoriales entre sí utilizando un tipo particular de aplicaciones.

En este capítulo podremos conocer:

- Una herramienta que nos permite trabajar tanto con espacios vectoriales distintos como con bases diferentes dentro de un mismo espacio vectorial.

7.1. Propiedades básicas

En primer lugar, definimos lo que son las aplicaciones lineales y, a continuación, las clasificaremos.

Definición 7.1.1. Sean V y W dos $\mathbb{K}$-espacios vectoriales y $f : V \to W$ una **aplicación**. Diremos que es **lineal** si verifica para todo $v, w \in V$ y para todo $\lambda \in \mathbb{K}$ las siguientes propiedades:

1. $f(v + w) = f(v) + f(w)$.

2. $f(\lambda v) = \lambda f(v)$.

Ilustremos este concepto con un ejemplo: sean $\mathbb{R}^2$ y $P_3(\mathbb{K})[x]$ dos espacios vectoriales y $f : \mathbb{R}^2 \to P_3(\mathbb{K})[x]$ definida como $f(a,b) = (a+b)x^3 + ax^2 + b$. Comprobemos que es una aplicación lineal: consideramos $(a,b), (c,d) \in \mathbb{R}^2$, entonces $f((a,b) + (c,d)) = f(a+c, b+d) = (a+b+c+d)x^3 + (a+c)x^2 + (b+d) = (a+b)x^3 + (c+d)x^3 + ax^2 + cx^2 + b + d = f(a,b) + f(c,d)$. Además, si $\lambda \in \mathbb{R}$ tenemos que $\lambda f(a,b) = \lambda((a+b)x^3 + ax^2 + b) = (\lambda a + \lambda b)x^3 + \lambda ax^2 + \lambda b = f(\lambda a, \lambda b))$.

Teniendo en cuenta que los espacios vectoriales son grupos, notemos que las aplicaciones lineales son, en particular, homomorfismos de grupos. Dos tipos especiales de homomorfismos son los siguientes.

Definición 7.1.2. Un homomorfismo biyectivo se denomina **isomorfismo**. Si además, el dominio coincide con el conjunto imagen, el isomorfismo se denomina **endomorfismo**.

A continuación, enumeraremos algunas de las propiedades que verifican las aplicaciones lineales.

Proposición 7.1.3. *Sean V y W dos $\mathbb{K}$-espacios vectoriales y $f : V \to W$ una aplicación lineal. Entonces $f(0) = 0$.*

Demostración. Sea $v \in V$, entonces $f(a) = f(a+0) = f(a) + f(0)$. Por tanto, $f(0) = 0$. $\square$

Proposición 7.1.4 (Caracterización de una aplicación lineal). *Sean V y W dos $\mathbb{K}$-espacios vectoriales. Una aplicación $f : V \to W$ es lineal si y solo si $f(\lambda v + \mu w) = \lambda f(v) + \mu f(w)$ para todo $v, w \in V$ y $\lambda, \mu \in \mathbb{K}$.*

Demostración. Comprobemos ambas implicaciones:

$\Rightarrow$) Si f es lineal, $f(\lambda v + \mu w) = f(\lambda v) + f(\mu w) = \lambda f(v) + \mu f(w)$.

$\Leftarrow$) Si $\lambda = \mu = 1$ entonces $f(v + w) = f(v + w)$. Por otra parte, si $\mu = 0$, $f(\lambda v) = \lambda f(v)$. Así, f es lineal.

$\square$

Proposición 7.1.5. *Sean V y W dos $\mathbb{K}$-espacios vectoriales y $f : V \to W$ una aplicación lineal, entonces el conjunto $Im(f)$ es un subespacio vectorial de W.*

Demostración. Sean $u, v \in f(V)$, entonces, existen $a, b \in V$ tales que $f(a) = u$ y $f(b) = v$. Entonces tenemos que si $\lambda, \mu \in \mathbb{K}$ entonces $\lambda v + \mu w = \lambda f(a) + \mu f(b) = f(\lambda v + \mu w) \in f(V)$. $\square$

Proposición 7.1.6. *Sean V y W dos $\mathbb{K}$-espacios vectoriales y $f : V \to W$, una aplicación lineal. Si V está generado por $G = \{e_1, e_2, \dots, e_n\}$, entonces $f(V)$ está generado por $\{f(e_1), f(e_2), \dots, f(e_n)\}$.*

Demostración. Sea $v \in f(V)$, entonces existe $a \in V$ tal que $f(a) = v$. Como V está generado por G, entonces $a = \lambda_1 e_1 + \dots + \lambda_n e_n$, $\lambda_1, \dots, l_n \in \mathbb{K}$. Como f es lineal, $v = f(a) = \lambda_1 f(e_1) + \dots + \lambda_n f(e_n)$. $\square$

Veamos ahora un par de definiciones antes de seguir comprobando propiedades.

Definición 7.1.7. Llamamos **rango de una aplicación lineal** a la dimensión de su imagen.

Definición 7.1.8. Llamamos **núcleo**, o **kernel**, a los elementos cuya imagen es cero, es decir, $\ker(f) = \{x \in V \mid f(x) = 0\}$.

Como ocurría con la imagen, el núcleo es también un subespacio vectorial.

Proposición 7.1.9. *Sean V y W dos $\mathbb{K}$-espacios vectoriales y $f : V \to W$ una aplicación lineal. Entonces $\ker(f)$ es un subespacio vectorial de V.*

Demostración. Sean $v, w \in \ker(f)$ y $\lambda, \mu \in \mathbb{K}$. Ya que $f(\lambda v + \mu w) = \lambda f(v) + \mu f(w) = 0$, tenemos que $\lambda v + \mu w \in \ker(f)$. $\square$

Veamos como podemos caracterizar a los isomorfismos.

Proposición 7.1.10. *Sean V y W dos $\mathbb{K}$-espacios vectoriales y $f : V \to W$ una aplicación lineal. Se verifica que f es sobreyectiva si y solo si $rang(f) = dim(W)$.*

Proposición 7.1.11. *Una aplicación lineal* $f : V \rightarrow W$ *entre dos espacios vectoriales es inyectiva si y solo si* $\ker(f) = \{0\}$.

Demostración. $\Rightarrow$) Supongamos que f es inyectiva, entonces si $v \in \ker(f)$ se tiene que $f(v) = 0 = f(0)$. Por lo tanto, $\ker(f) = \{0\}$.

$\Leftarrow$) Supongamos que $\ker(f) = \{0\}$ y sean $v, w \in V$ tales que $f(v) = f(w)$. Por la linealidad de f, $f(v - w) = 0$ y así, $v - w \in \ker(f)$. Por tanto, $v = w$.

$\square$

El siguiente resultado que nos permite construir bases utilizando aplicaciones lineales.

Teorema 7.1.12. *Una aplicación lineal inyectiva* $f : V \rightarrow W$ *entre dos espacios vectoriales transforma vectores linealmente independientes en vectores linealmente independientes.*

Demostración. Sean $v_1, \ldots, v_k \in V$ vectores linealmente independientes. Sean $\lambda_1, \ldots, \lambda_k \in \mathbb{K}$ tales que $\lambda_1 f(v_1) + \ldots + \lambda_k f(v_k) = 0$. Como f es lineal, $f(\lambda_1 v_1 + \ldots + \lambda_k v_k) = 0$ y como es inyectiva, $\lambda_1 v_1 + \ldots + \lambda_k v_k = 0$. Al ser $v_1, \ldots, v_k$ linealmente independientes, se tiene que $\lambda_1 = \ldots = \lambda_k = 0$.

$\square$

7.2. Representación matricial de una aplicación lineal

De la misma forma que hicimos a la hora de deducir las ecuaciones implícitas de un subespacio vectorial, veamos que podemos asociar una matriz a una aplicación lineal. Para ello, sea $f : V \rightarrow W$ una aplicación lineal entre dos $\mathbb{K}$-espacios vectoriales, cuyas bases, respectivamente, son $B = \{e_1, e_2, \ldots, e_m\}$ y $B' = \{e'_1, e'_2, \ldots, e'_n\}$.

Si $v \in V$, entonces, podemos escribirlo como combinación lineal de los vectores de B, es decir, $v = x_1 e_1 + x_2 e_2 + \cdots, x_m e_m$. Si aplicamos f a esta igualdad, teniendo en cuenta que la aplicación es lineal, obtenemos lo siguiente

$$f(v) = x_1 f(e_1) + x_2 f(e_2) + \cdots + x_m f(e_m). \tag{7.1}$$

Por otra parte, $f(e_1), f(e_2), \ldots, f(e_m) \in W$, así que podemos escribirlos también como combinaciones lineales de los vectores de B':

$$f(e_1) = a_{11}e'_1 + a_{21}e'_2 + \cdots + a_{n1}e'_n$$

$$f(e_2) = a_{12}e'_1 + a_{22}e'_2 + \cdots + a_{n2}e'_n$$

$$\vdots \qquad\qquad (7.2)$$

$$f(e_m) = a_{1m}e'_1 + a_{2m}e'_2 + \cdots + a_{nm}e'_n$$

Además, como $f(v) \in W$, entonces tendrá también unas coordenadas con respecto de B', a saber, $(f(v))_{B'} = y_1 e'_1 + y_2 e'_2 + \cdots + y_n e'_n \overset{(7.1)}{=} x_1 f(e_1) + x_2 f(e_2) + \cdots + x_m f(e_m)$. Usando (7.2) y sustituyendo en esta última igualdad, nos quedaría lo siguiente

$$(f(v))_{B'} = y_1 e'_1 + y_2 e'_2 + \cdots + y_n e'_n = x_1 f(e_1) + x_2 f(e_2) + \cdots + x_m f(e_m) =$$

$$= x_1 (a_{11}e'_1 + a_{21}e'_2 + \cdots + a_{n1}e'_n) +$$

$$+ x_2 (a_{12}e'_1 + a_{22}e'_2 + \cdots + a_{n1}e'_n) +$$

$$\vdots$$

$$+ x_m (a_{1m}e'_1 + a_{2m}e'_2 + \cdots + a_{nm}e'_n)$$

Puesto que las coordenadas respecto de B' son únicas, nos queda el siguiente sistema

$$\begin{cases} y_1 = a_{11}x_1 + a_{12}x_2 + \cdots + a_{1m}x_m \\[2mm] y_2 = a_{21}x_1 + a_{22}x_2 + \cdots + a_{2m}x_m \\[2mm] \qquad\qquad \vdots \\[2mm] y_n = a_{n1}x_1 + a_{n2}x_2 + \cdots + a_{nm}x_m \end{cases}$$

El sistema anterior se puede escribir de manera equivalente como

$$Y = AX \text{ donde } A = \begin{pmatrix} a_{11} & a_{12} & \cdots & a_{1m} \\ a_{21} & a_{22} & \cdots & a_{2m} \\ \vdots & \vdots & \ddots & \vdots \\ a_{n1} & a_{n2} & \cdots & a_{nm} \end{pmatrix}, \ X = \begin{pmatrix} x_1 \\ x_2 \\ \vdots \\ x_m \end{pmatrix}, \ Y = \begin{pmatrix} y_1 \\ y_2 \\ \vdots \\ y_n \end{pmatrix}.$$

¿Qué nos muestra este razonamiento? A representa matricialmente cómo se transforma un vector $v \in V$ respecto de una base B cuando se ha aplicado f en un vector $f(v)$ respecto de la

base B' fijada en W, es decir, A representa matricialmente a f. Diremos que «la representación matricial de una aplicación lineal f» es A y, para que no haya lugar a dudas, a dicha matriz la denotaremos como $M_{B,B'}(f)$.

Visualicemos lo que hemos estudiado hasta ahora con un ejemplo.

Ejemplo 7.2.1. Sea $f : \mathbb{R}^3 \to \mathbb{R}^2$ la aplicación lineal definida por $f(1,0,0) = (1,1)$, $f(0,1,0) = (2,2)$ y $f(0,0,1) = (3,3)$. Tenemos que la ecuación matricial de la aplicación es $\begin{pmatrix} x' \\ y' \end{pmatrix} = \begin{pmatrix} 1 & 2 & 3 \\ 1 & 2 & 3 \end{pmatrix} \begin{pmatrix} x \\ y \\ z \end{pmatrix}$. Calculemos ahora una base del núcleo de la aplicación. Si $(x, y, z) \in \ker(f)$ entonces $f(x, y, z) = 0$, es decir $x+2y+3z = 0$. Así, $x = -2y-3z$ y $(x, y, z) = (-2y-3z, y, z) = y(-2, 1, 0)+z(-3, 0, 1)$. Es fácil comprobar que estos vectores son libres (o lo que es lo mismo, independientes), por lo que una base del núcleo es $\{(-2, 1, 0), (-3, 0, 1)\}$. Para calcular una base de la imagen, notamos que $\{(1, 1), (2, 2), (3, 3)\}$ forman un sistema generador. Si eliminamos los vectores que se pueden escribir como combinación lineal de los demás tenemos que $\{(1, 1)\}$ forma una base de la imagen.

7.3. Matrices de cambio de base

El razonamiento anterior tiene un uso práctico bastante conocido: el de calcular las matrices de cambio de base. Este concepto hace referencia a una matriz que nos ayuda a calcular las nuevas coordenadas de un vector en un mismo espacio, pero respecto de bases distintas. En el razonamiento anterior, si tomamos $V = W$, este método nos permite dar una forma para cambiar las coordenadas de un vector en un mismo espacio vectorial. Veámoslo con un ejemplo.

Ejemplo 7.3.1. Sean $B = \{(1,0,0), (0,1,0), (1,1,1)\}$ y $B' = \{(1,0,0), (1,1,0), (0,1,1)\}$ dos bases de $\mathbb{R}^3$. Veamos como podemos calcular las ecuaciones de cambio de base. Si calculamos las coordenadas (que serían las imágenes en el razonamiento que hemos hecho en la sección anterior) de los vectores de B respecto de los elementos que forman B', nos quedaría lo siguiente:

$$
\begin{aligned}
(1,0,0) &= & 1\cdot & \ (1,0,0) & +0\cdot & \ (1,1,0) & +0\cdot & \ (0,1,1) \\
(0,1,0) &= & -1\cdot & \ (1,0,0) & +1\cdot & \ (1,1,0) & +0\cdot & \ (0,1,1) \ . \\
(1,1,1) &= & 1\cdot & \ (1,0,0) & +0\cdot & \ (1,1,0) & +1\cdot & \ (0,1,1)
\end{aligned}
$$

Por tanto, si $(x,y,z)_B$ son las coordenadas de un vector respecto de la base B y $(x',y',x')_{B'}$ son las coordenadas de ese mismo vector, pero respecto de la base B', tenemos que las ecuaciones de cambio de base son

$$
\begin{pmatrix} x' \\ y' \\ z' \end{pmatrix}_{B'} = \begin{pmatrix} 1 & -1 & 1 \\ 0 & 1 & 0 \\ 0 & 0 & 1 \end{pmatrix} \begin{pmatrix} x \\ y \\ z \end{pmatrix}_B .
$$

Antes de continuar, es necesario realizar algunos apuntes que facilitarán mucho el tratamiento de los cambios de base en la práctica.

Proposición 7.3.2. *Sean B y B' dos bases de V, $\mathbb{K}$-espacio vectorial. Si $M_{B\to B'}$ es la matriz de cambio de base de B a B', entonces su inversa es la matriz de cambio de base de B' a B, es decir, $M_{B'\to B} = (M_{B\to B'})^{-1}$.*

Demostración. Basta con tomar la ecuación matricial de cambio de base y multiplicar por la inversa de la matriz (recordamos que al ir de un espacio en sí mismo, las matrices van a ser cuadradas e invertibles, por ser respecto de una base), es decir,

$$
X_{B'} = M_{B\to B'} X_B \iff (M_{B\to B'})^{-1} X_{B'} = X_B.
$$

$\square$

Nota 7.3.3. Observamos que cuando una de las dos bases es la canónica, estas cuentas se facilitan muchísimo. Siendo más concretos, supongamos que en un $\mathbb{K}$-espacio vectorial V consideramos una base cualquiera $B = \{b_1, b_2, \ldots, b_n\}$ y la base canónica $B_0 = \{e_1, e_2, \ldots, e_n\}$. Entonces, al calcular las coordenadas de los vectores que forman la base B respecto de la canónica, nos quedarán estos mismos vectores, es decir, la matriz de cambio de base, $M_{B\to B_0} = (b_1|b_2|\ldots|b_n)$, es precisamente escribir como columnas los vectores que forman la base B. Además, teniendo en cuenta la proposición anterior, para hacer el cambio contrario

y pasar un vector cuyas coordenadas están en la canónica (que es la que usualmente trabajamos y estamos más acostumbrados) a una base cualquiera, bastará con calcular la inversa de $M_{B \to B_0}$.

El caso más «difícil» para el cambio de base es cuando ninguna de las dos bases a tratar es la canónica: supongamos que V es un espacio vectorial y que B_1, B_2, B_0 son bases distintas de V, siendo la última de ellas la canónica, y denotaremos por X_1, X_2, X_0 las coordenadas de un vector $X \in V$ respecto de cada una de estas bases. Entonces, sabemos que para pasar de la canónica a B_1, basta con multiplicar por $M_{B_0 \to B_1}$, es decir, $X_1 = M_{B_0 \to B_1} X_0$, o lo que es lo mismo, $X_1 = (M_{B_0 \to B_1})^{-1} X_0$. De igual forma, para pasar de B_1 a B_2 multiplicamos por $M_{B_1 \to B_2}$, o lo que es lo mismo, $X_2 = M_{B_1 \to B_2} X_1$. Juntando esta última igualdad con la anterior, nos queda que $X_2 = M_{B_1 \to B_2}(M_{B_0 \to B_1})^{-1} X_0$. Es decir, el producto de matrices nos ayuda a calcular de manera consecutiva cambios de base en un vector. Esto podemos aplicarlo para calcular la matriz de cambio de base de B_1 a B_2 pasando por la base canónica. Siendo más concretos, queremos hallar la matriz $M_{B_1 \to B_2}$ tal que $X_2 = M_{B_1 \to B_2} X_1$. Para esto, pasamos el vector X_1 a X_0, es decir $X_1 = M_{B_1 \to B_0} X_0$. Por otra parte $X_2 = (M_{B_2 \to B_0})^{-1} X_0$. Concatenando estas dos identidades nos queda que $X_2 = (M_{B_2 \to B_0})^{-1} \underbrace{M_{B_1 \to B_0} X_1}_{X_0}$. Resumimos este razonamiento en el siguiente resultado:

Proposición 7.3.4. *Sea V un $\mathbb{K}$-espacio vectorial, B_1, B_2, B_3 bases distintas de V. Entonces, se tiene que*

$$M_{B_1 \to B_2} = M_{B_3 \to B_2} M_{B_1 \to B_3}.$$

En particular, si tomamos como B_3 la base canónica B_0 y usando la Proposición (7.3.2), entonces

$$M_{B_1 \to B_2} = (M_{B_2 \to B_0})^{-1} M_{B_1 \to B_0}.$$

Finalizamos esta sección enunciando dos teoremas más.

Teorema 7.3.5 (Teorema de la dimensión). *Sea $f : V \to W$ un aplicación lineal entre espacios vectoriales. Se verifica que $dim(V) = dim(\ker(f)) + dim(Im(f))$.*

Teorema 7.3.6. *Todo espacio vectorial de dimensión n sobre un cuerpo $\mathbb{K}$ es isomorfo a $\mathbb{K}^n$.*

7.4. Ejercicios

Ejercicio 7.1. *Averiguar si los vectores* $(4, -4, 3, -7), (5, 3, 7, 0), (2, -1, 1, 8), (1, 4, 3, 8)$ *forman una base de* $\mathbb{R}^4$. *En caso afirmativo, hallar las ecuaciones de cambio entre esta base y la canónica; en caso negativo, establecer relaciones lineales entre ellos.*

Ejercicio 7.2. *Si* $P_n(x)$ *es el conjunto de los polinomios de grado menor o igual a n, con coeficientes reales, probar que la aplicación* $D : P_n(x) \rightarrow P_n(x)$ *que hace corresponder a cada polinomio su derivada respecto x es una aplicación lineal. Escribir la ecuación matricial de la misma para n = 3, con respecto a la base canónica.*

Ejercicio 7.3. *Probar que una aplicación lineal transforma vectores* linealmente dependientes *en otros también* dependientes.

Ejercicio 7.4. *Sean E, F y G tres espacios vectoriales sobre el mismo cuerpo* $\mathbb{K}$, *y* B_E, B_F *y* B_G, *sus respectivas bases. Si* $f : E \rightarrow F$ *y* $g : F \rightarrow G$ *son aplicaciones lineales, probar que* $g \circ f$ *es lineal de E en G.*

Si A es la matriz de f respecto de B_E *y* B_F, *y B la de g respecto de* B_F *y* B_G, *¿cuál es la matriz de* $g \circ f$ *respecto de* B_E *y* B_G? *Si* $\dim E = m$, $\dim F = n$ *y* $\dim G = p$, *describir las respectivas matrices asociadas.*

Ejercicio 7.5. *a) Escribir un sistema homogéneo de tres ecuaciones con tres incógnitas que sea compatible.*

b) Definir una aplicación lineal de $\mathbb{R}^3$ *en* $\mathbb{R}^3$ *cuyo núcleo sea el conjunto de las soluciones del sistema anterior.*

c) *Determinar una base de la imagen, y sus dimensión.*

Ejercicio 7.6. *Probar que el conjunto de vectores*

$$B = \{(4,4,3,7,0),(9,0,7,0,1),(0,0,1,0,0),(0,0,0,1,0),(0,0,0,0,1)\}$$

es una base de $\mathbb{R}^5$. *Hallar las coordenadas de* $(1,0,0,0,0)$ *y* $(0,1,0,0,0)$ *respecto de dicha base.*

Ejercicio 7.7. *a*) *En* $\mathbb{R}^2$ *se considera el conjunto N de los vectores cuya suma de coordenadas es nula. Probar que es un subespacio, hallar una base y la dimensión.*

b) *Ampliar la base obtenida para tener una base de* $\mathbb{R}^2$.

c) *Usando la base anterior escribir la ecuación matricial de una aplicación lineal de* $\mathbb{R}^2$ *en* $\mathbb{R}^2$, *y cuyo núcleo sea N.*

d) *Ecuación matricial de dicha aplicación lineal en la base canónica.*

Capítulo 8

Espacio euclídeo

En este capítulo dotaremos a los $\mathbb{R}$-espacios vectoriales de un producto entre dos elementos del espacio vectorial. Esto a su vez nos permite definir ángulos entre vectores, lo cual tiene aplicaciones obvias en la Geometría y otras no tanto, como en Criptografía.

En este capítulo podremos conocer:

- El problema de la pesada: Cómo pesar objetos en una balanza cometiendo el menor error posible.

8.1. Conceptos básicos

Definición 8.1.1. Sea V un $\mathbb{R}$-espacio vectorial. Una aplicación $\cdot : V \times V \to \mathbb{R}$ es un **producto escalar** si verifica las siguientes propiedades para todo $u, v, w \in V$ y para todo $\lambda \in \mathbb{R}$:

1) $u \cdot v = v \cdot u$,

2) $(u + v) \cdot w = u \cdot w + v \cdot w$,

3) $(\lambda u) \cdot v = \lambda(u \cdot v)$,

4) $u \cdot u \geq 0$,

5) $u \cdot u = 0$ si y solo si $u = 0$.

Otra forma usual de denotar al producto escalar es $\langle \cdot, \cdot \rangle$.

Ejemplo 8.1.2. Sea V el espacio vectorial real formado por las funciones integrables Riemann en el intervalo $[a, b]$ y consideramos como producto escalar el que está definido como $\cdot : V \times V \rightarrow \mathbb{R}$ definida como $f(x) \cdot g(x) = \int_a^b f(x)g(x)dx$. Veamos que verifica las cuatros propiedades:

1) $f(x) \cdot g(x) = \int_a^b f(x)g(x)dx = \int_a^b g(x)f(x)dx = g(x) \cdot f(x)$.

2) $(f(x)+g(x)) \cdot h(x) = \int_a^b (f(x)+g(x))h(x)dx = \int_a^b f(x)h(x)+g(x)h(x)dx = \int_a^b f(x)h(x)dx + \int_a^b g(x)h(x)dx = f(x) \cdot h(x) + g(x) \cdot h(x)$.

3) $f(x) \cdot f(x) = \int_a^b f^2(x)dx \geq 0$.

4) $\int_a^b f^2(x)dx = 0$ si y solo si $f = 0$.

El siguiente resultado muestra la diferencia entre un «producto escalar» y un «producto por un escalar», ya que, en el primero de los casos es una aplicación que opera dos vectores para obtener un escalar, mientras que en el segundo, se opera un escalar por un vector para obtener un nuevo vector.

Proposición 8.1.3. *Sea V un espacio vectorial y $\cdot$ un producto escalar entonces para todo $v \in V$ se verifica que $0_V \cdot v = v \cdot 0_V = 0_{\mathbb{R}}$.*

Demostración. Tenemos que $0 \cdot v = (v + (-v)) \cdot v = v \cdot v + (-v) \cdot v = v \cdot v - v \cdot v = 0$. La otra igualdad se demuestra de manera similar. □

Estamos ya en condiciones de poder definir la noción de espacio euclídeo.

Definición 8.1.4. Sea V un espacio vectorial y $\cdot$ un producto escalar definido en él, el par $(V, \cdot)$ se denomina **espacio euclídeo**.

Veamos ahora una de las propiedades más importantes en relación al producto escalar.

Proposición 8.1.5 (Desigualdad de Schwartz). *Sea* $(V, \cdot)$ *un espacio euclídeo, entonces para todo* $u, v \in V$ *se verifica que* $(v \cdot w)^2 \leq (v \cdot v)(w \cdot w)$.

Demostración. Si $v = 0$ ó $w = 0$ obtenemos la desigualdad de manera directa. Supongamos entonces que ambos vectores son no nulos y sea $\lambda \in \mathbb{R}$. Se tiene que $v + \lambda w \in V$ y por tanto $(v + \lambda w) \cdot (v + \lambda w) \geq 0$. Aplicando las propiedades del producto escalar, tenemos que $(v + \lambda w) \cdot (v + \lambda w) = (v + \lambda w) \cdot v + (v + \lambda w) \cdot \lambda w = v \cdot v + 2\lambda(v \cdot w) + \lambda^2(w \cdot w) \geq 0$. Para que se verifique esto, es necesario que el polinomio $v \cdot v + 2\lambda(v \cdot w) + \lambda^2(w \cdot w)$ no tenga más de una raíz real, ya que en caso contrario, existirían valores para los que se anularía, en concreto, entre las dos raíces. Por tanto, el discriminante de dicho polinomio tiene que ser negativo o nulo, es decir $(2(v \cdot w))^2 - 4(w \cdot w)(v \cdot v) \leq 0$, es decir, $(v \cdot w)^2 - (w \cdot w)(v \cdot v) \leq 0$. Despejando, obtenemos $(v \cdot w)^2 \leq (w \cdot w)(v \cdot v)$ como queríamos demostrar. $\square$

El concepto de producto escalar nos permite definir tanto longitudes como ángulos en un espacio vectorial por lo que se convierte en una herramienta clave para trabajar en geometría. Veamos en primer lugar una definición relacionada precisamente con la noción de longitud.

Definición 8.1.6. Sea V un $\mathbb{R}$-espacio vectorial, definimos una **norma** como una aplicación $\| \cdot \| : V \to \mathbb{R}$ que verifica que para todo $v, w \in V$ y para todo $\lambda \in \mathbb{R}$:

- $\|\lambda v\| = |\lambda| \|v\|$,

- $\|v + w\| \leq \|v\| + \|w\|$,

- $\|v\| = 0$ si y solo si $v = 0$.

Veamos como podemos crear una norma a partir del producto escalar.

Definición 8.1.7. Sea $(V, \cdot)$ un espacio euclídeo. Definimos el **módulo** del vector v como $|v| = \sqrt{v \cdot v}$.

Proposición 8.1.8. *El módulo es una norma.*

Podemos utilizar esta definición para volver a redactar la desigualdad de Schwartz.

Proposición 8.1.9 (Desigualdad de Schwartz)**.** *Sea $(V, \cdot)$ un espacio euclídeo, entonces para todo $u, v \in V$ se verifica que $|v \cdot w| \leq |v||w|$.*

Demostración. Sabemos que $(v \cdot w)^2 \leq (v \cdot v)(w \cdot w)$. Por tanto, $(v \cdot w)^2 = |v|^2|w|^2$. Tomando raíces, se verifica que $|v \cdot w| \leq |v||w|$. □

Veamos ahora como podemos definir el ángulo entre dos vectores.

Definición 8.1.10. Sea $(V, \cdot)$ un espacio euclídeo y $v, w \in V$. Definimos el **ángulo** entre v y w como el ángulo α dado por $v \cdot w = |v||w| \cos(\alpha)$.

Ilustremos esta definición con un ejemplo.

Ejemplo 8.1.11. Calculemos el ángulo entre los polinomios $p(x) = 4x+1$ y $q(x) = 2x-1$ en el intervalo $[0, 1]$. Observamos que, dado que cualquier polinomio es una función integrable en un intervalo cerrado y acotado, podemos considerar los polinomios como elemento del espacio vectorial de las funciones integrables Riemann en el intervalo $[0, 1]$, donde habíamos visto en el ejemplo anterior que podíamos tomar como producto escalar $p(x) \cdot q(x) := \int_a^b p(x)q(x)dx$. Para ello, tenemos que calcular el módulo de cada uno de ellos y su producto escalar, a saber:

- $|p(x)| = \sqrt{p(x) \cdot p(x)} = \sqrt{\int_0^1 p(x)p(x)dx} = \sqrt{\int_0^1 (4x+1)^2 dx} = \sqrt{\int_0^1 16x^2 + 8x + 1\, dx} = \sqrt{x + 4x^2 + \frac{16x^3}{3}}\,|_0^1 = \sqrt{\frac{31}{3}}.$

- $|q(x)| = \sqrt{q(x) \cdot q(x)} = \sqrt{\int_0^1 q(x)q(x)dx} = \sqrt{\int_0^1 (2x-1)^2 dx} = \sqrt{\int_0^1 1 - 4x + 4x^2 dx} = \sqrt{x - 2x^2 + \frac{4x^3}{3}}\,|_0^1 = \frac{1}{\sqrt{3}}.$

- $p(x) \cdot q(x) = \int_0^1 p(x)q(x)dx = \int_0^1 (4x+1)(2x-1)dx = \int_0^1 -1 - 2x + 8x^2 dx = -x - x^2 + \frac{8x^3}{3}\,|_0^1 = \frac{2}{3}.$

Así, como $p \cdot q = |p||q|\cos(\alpha)$, se tiene que $\frac{2}{3} = \sqrt{\frac{31}{3}}\frac{1}{\sqrt{3}}\cos(\alpha) = \frac{\sqrt{31}}{3}\cos(\alpha)$. Así, $\frac{2}{\sqrt{31}} = \cos(\alpha)$ y $\alpha = \arccos(\frac{2}{\sqrt{31}})$.

Veamos ahora como podemos expresar el producto escalar utilizando matrices. Para ello nos tenemos que apoyar en la base del espacio vectorial. Sea $(V, \cdot)$ un espacio euclídeo, $B = \{v_1, \ldots, v_n\}$ una base de V y $x, y \in V$, entonces $x = x_1 v_1 + \ldots + x_n v_n$ e $y = y_1 v_1 + \ldots + y_n v_n$ con $x_1, y_1, \ldots, x_n y_n \in \mathbb{K}$. Entonces, $x \cdot y = \left(\sum_{i=1}^{n} x_i v_i, \sum_{i=1}^{n} y_i v_i\right) = \sum_{j=1}^{n} y_j \left(\sum_{i=1}^{n} x_i (v_i \cdot v_j)\right)$. Si llamamos G a la matriz tal que $g_{ij} = v_i \cdot v_j$ tenemos que $x \cdot y = X^t G Y$ con $X^t = (x_1, x_2, \cdots, x_n)$ e $Y^t = (y_1, y_2, \cdots, y_n)$.

Definición 8.1.12. Sea $(V, \cdot)$ un espacio euclídeo y $B = \{v_1, \ldots, v_n\}$ una base de V. A la matriz G con coeficientes $g_{ij} = v_i \cdot v_j$ se la denomina **matriz de Gram**.

Notemos que, ya que el producto escalar es conmutativo, la matriz de Gram es simétrica. Veamos ahora un ejemplo de aplicación.

Ejemplo 8.1.13. Calculemos la matriz de Gram para el espacio euclídeo $(P_n^1, \cdot)$ en el intervalo $[0, 1]$. Para ello notemos que una base del espacio vectorial es $\{1, x\}$. Tenemos que calcular:

- $1 \cdot 1 = \int_0^1 1 dx = 1$.

- $1 \cdot x = \int_0^1 x dx = \frac{x^2}{2} \big|_0^1 = \frac{1}{2}$.

- $x \cdot x = \int_0^1 x^2 dx = \frac{x^3}{3} \big|_0^1 = \frac{1}{3}$.

Así, la matriz de Gram es $G = \begin{pmatrix} 1 & 1/2 \\ 1/2 & 1/3 \end{pmatrix}$. Veamos como podemos calcular el ángulo del ejemplo anterior utilizando esta matriz. Recordemos que $p(x) = 4x + 1$ y $q(x) = 2x - 1$. Así:

- $p(x) \cdot q(x) = \begin{pmatrix} 4 & 1 \end{pmatrix} \begin{pmatrix} 1/3 & 1/2 \\ 1/2 & 1 \end{pmatrix} \begin{pmatrix} 2 \\ -1 \end{pmatrix} = \begin{pmatrix} 11/6 & 3 \end{pmatrix} \begin{pmatrix} 2 \\ -1 \end{pmatrix} = \frac{2}{3}$.

- $p(x) \cdot p(x) = \begin{pmatrix} 4 & 1 \end{pmatrix} \begin{pmatrix} 1/3 & 1/2 \\ 1/2 & 1 \end{pmatrix} \begin{pmatrix} 4 \\ 1 \end{pmatrix} = \begin{pmatrix} 11/6 & 3 \end{pmatrix} \begin{pmatrix} 4 \\ 1 \end{pmatrix} = \frac{31}{3}$.

- $q(x) \cdot q(x) = \begin{pmatrix} 2 & -1 \end{pmatrix} \begin{pmatrix} 1/3 & 1/2 \\ 1/2 & 1 \end{pmatrix} \begin{pmatrix} 2 \\ -1 \end{pmatrix} = \begin{pmatrix} 1/6 & 0 \end{pmatrix} \begin{pmatrix} 4 \\ 1 \end{pmatrix} = \frac{1}{3}.$

Por tanto, $|p(x)| = \sqrt{\frac{31}{3}}$, $|q(x)| = \sqrt{\frac{1}{3}}$ y $\alpha = \arccos(\frac{2}{\sqrt{31}})$.

8.2. Conjuntos ortogonales

Hasta ahora no hemos impuesto ninguna condición en las bases que hemos estudiado. En esta sección veremos como las bases ortogonales nos proporcionan más información sobre un vector y, además, nos facilitan los cálculos.

Definición 8.2.1. Sea $(V, \cdot)$ un espacio euclídeo y $v, w \in V$. Diremos que v y w son **ortogonales**, y lo denotaremos por $v \perp w$ si $v \cdot w = w \cdot v = 0$.

En el siguiente resultado presentamos una de sus propiedades principales.

Proposición 8.2.2. *Si $v_1, \ldots, v_n$ son ortogonales y no nulos, entonces son linealmente independientes.*

Demostración. Hagamos una combinación lineal de los vectores e igualémosla a cero. Tenemos que $\lambda_1 v_1 + \ldots + \lambda_n v_n = 0$. Si multiplicamos escalarmente por v_i, ya que $v_i \cdot v_j = 0$ si $i \neq j$ tenemos que $\lambda_i(v_i \cdot v_i) = 0$. Como $v_i \neq 0$ entonces $v_i \cdot v_i \neq 0$ y así $\lambda_i = 0$. Repitiendo este proceso para cada i, obtenemos el resultado. $\square$

Nuestro objetivo será ser capaz de, a partir de una base cualquiera, construir una base formada por vectores ortogonales. Este objetivo se resolverá a través del siguiente teorema.

Teorema 8.2.3 (Gram-Schmidt). *Sea $(V, \cdot)$ un espacio euclídeo y $B_1 = \{v_1, \ldots, v_n\}$ una base de V. Entonces existen $w_1, \ldots, w_n \in V$ ortogonales tales que forman una base de V.*

Esta nueva base se construye aplicando el método de Gram-Schmidt:

$$
\begin{aligned}
w_1 &= v_1, \\
w_2 &= v_2 - \frac{v_2 \cdot w_1}{|w_1|^2} w_1, \\
&\vdots \\
w_n &= v_n - \frac{v_n \cdot w_1}{|w_1|^2} w_1 - \ldots - \frac{v_n \cdot w_{n-1}}{|w_{n-1}|^2} w_{n-1},
\end{aligned}
$$

o lo que es lo mismo

$$
w_1 = v_1
$$

$$
w_i = v_i - \sum_{j=1}^{i-1} \frac{v_i \cdot w_j}{w_i \cdot w_j} w_j, \quad i = 2, \ldots, n.
$$

Veamos un ejemplo.

Ejemplo 8.2.4. Sea $B = \{(2, 0, 1), (1, 1, 0), (0, 1, 1)\}$ una base de $\mathbb{R}^3$. Construyamos una base ortogonal a partir de ella utilizando el producto escalar usual.

- $w_1 = (2, 0, 1)$,

- $w_2 = (1, 1, 0) - \frac{(1,1,0) \cdot (2,0,1)}{|(2,0,1)|^2}(2, 0, 1) = (1, 1, 0) - \frac{2}{5}(2, 0, 1) = (\frac{1}{5}, 1, \frac{-2}{5})$,

- $w_3 = (0, 1, 1) - \frac{(0,1,1) \cdot (2,0,1)}{|(2,0,1)|^2}(2, 0, 1) - \frac{(0,1,1) \cdot (\frac{1}{5}, 1, \frac{-2}{5})}{|(\frac{1}{5}, 1, \frac{-2}{5})|^2}(\frac{1}{5}, 1, \frac{-2}{5}) =$

  $= (0, 1, 1) - \frac{1}{5}(2, 0, 1) - \frac{\frac{3}{5}}{\frac{6}{5}}(\frac{1}{5}, 1, \frac{2}{5}) = (-\frac{1}{2}, \frac{1}{2}, 1)$.

Veamos ahora un tipo particular de bases ortogonales que son aún más cómodas para trabajar.

Definición 8.2.5. Una **base** ortogonal cuyos vectores tienen módulo uno se denomina **ortonormal**.

Es decir, si $B = \{v_1, \ldots, v_n\}$ entonces $\|v_i\| = 1$ para todo $i \in \{1, \ldots, n\}$. Notemos que dado que multiplicar vectores por un escalar no afecta a la dependencia lineal ni al espacio que generan, tenemos el siguiente resultado.

Corolario 8.2.6. *Sea* $(V, \cdot)$ *un espacio euclídeo y* $B_1 = \{v_1, \ldots, v_n\}$ *una base de* V. *Entonces, existen* $w_1, \ldots, w_n \in V$ *ortonormales tales que forman una base de* V.

Una de las ventajas de trabajar con este tipo de base es que la matriz de Gram es siempre la matriz identidad y, por tanto, el producto escalar es el usual y el módulo de un vector es la raíz de la suma de los cuadrados de sus coordenadas. Otra forma de trabajar con vectores ortogonales es considerar subespacios vectoriales formados por los vectores ortogonales a uno dado, como vemos en el siguiente resultado.

Proposición 8.2.7. *Sea* $(V, \cdot)$ *un espacio euclídeo y* $v \in V$. *Entonces* $W = \{w \in V \mid w \perp v\}$ *es un subespacio vectorial de* V.

Demostración. Sean $u, w \in W$ y $\lambda, \mu \in \mathbb{K}$. Tenemos que ver que $(\lambda u + \mu w) \cdot v \in W$. Como $(\lambda u + \mu w) \cdot v = \lambda(u \cdot v) + \mu(w \cdot v) = 0$, tenemos el resultado. □

Cuando sucede esto escribiremos $v \perp W$. Notemos que basta comprobar que v es ortogonal a una base de W para que lo sea a todo el espacio (debido a la linealidad del producto escalar). Podemos hacer más general este resultado, para ello definamos un nuevo concepto.

Definición 8.2.8. Sea $(V, \cdot)$ un espacio euclídeo y W un subespacio vectorial de V. El conjunto $W^\perp = \{x \in V \mid x \perp W\}$ se denomina **complemento ortogonal** de W.

Proposición 8.2.9. *Sea* $(V, \cdot)$ *un espacio euclídeo y sea* W *un subespacio de* V. *Entonces el* $W^\perp$ *es un subespacio vectorial de* V. *Además,* $V = W \oplus W^\perp$ *y* $\dim(V) = \dim(W) + \dim(W^\perp)$.

Por tanto, siempre podemos separar un espacio vectorial en dos partes complementarias, es decir, podemos escribirlo como suma directa de dos subespacios. Veamos con un ejemplo como podemos calcular el complemento ortogonal de un subespacio.

Ejemplo 8.2.10. Consideramos $\mathbb{R}^3$ con el producto escalar dado por la matriz de Gram
$\begin{pmatrix} 1 & 1 & 1 \\ 1 & 2 & 2 \\ 1 & 2 & 3 \end{pmatrix}$ y V el subespacio generado por el vector $(1, 0, 1)$. Calculemos $V^\perp$: si $(x, y, z) \in$

$V^\perp$ entonces $(x, y, z) \cdot (1, 0, 1) = 0$. Es decir, $\begin{pmatrix} x & y & z \end{pmatrix} \begin{pmatrix} 1 & 1 & 1 \\ 1 & 2 & 2 \\ 1 & 2 & 3 \end{pmatrix} \begin{pmatrix} 1 \\ 0 \\ 1 \end{pmatrix} = 0$. Por tanto,

la ecuación implícita de $V^\perp$ es $2x + 3y + 4z = 0$.

8.3. Aplicaciones

Los vectores ortogonales tienen muchas aplicaciones. En particular, los que forman una base ortogonal nos proporcionan información que podemos aislar de la que nos proporciona el resto de la base. De forma oculta aparecen en las fórmulas de cuadraturas que realizan nuestros ordenadores para integrar o en los movimientos de un personaje de videojuego cuando el software interpola su posición.

8.3.1. Problema de la pesada

Supongamos que tenemos que pesar cuatro objetos en una balanza y en cada pesada cometemos un error e . Así, si pesamos cada objeto con pesos reales x_i, $1 \leq i \leq 4$, obtendremos los valores $y_i = x_i + e_i$, siendo el error desconocido en cada caso.

Si la balanza está equilibrada, la media de los errores es cero, es decir, a veces se pasará por defecto y otras por exceso. Así, si realizamos estas otras medidas: $y_1 = x_1 + x_2 + x_3 + x_4 + e_1$, $y_2 = x_1 - x_2 + x_3 - x_4 + e_2$, $y_3 = x_1 + x_2 - x_3 - x_4 + e_3$, $y_4 = x_1 - x_2 - x_3 + x_4 + e_4$, obtendremos el sistema:

$$\begin{pmatrix} y_1 + e_1 \\ y_2 + e_2 \\ y_3 + e_3 \\ y_4 + e_4 \end{pmatrix} = \begin{pmatrix} 1 & 1 & 1 & 1 \\ 1 & -1 & 1 & -1 \\ 1 & 1 & -1 & -1 \\ 1 & -1 & -1 & 1 \end{pmatrix} \begin{pmatrix} x_1 \\ x_2 \\ x_3 \\ x_4 \end{pmatrix}.$$

La matriz que aparece se conoce como matriz de Hadamard y tienen la particularidad de que tanto las filas como las columnas son ortogonales entre sí, lo que produce que $AA^t = nI$ donde $n \in \mathbb{N}$ e I es la matriz identidad. Por lo tanto, esta matriz va a ser invertible y además, su

inversa es fácil de calcular, por lo que el sistema anterior se puede resolver de forma eficiente. El motivo de dicho sistema no es arbitrario, al obtener las soluciones tenemos, por ejemplo, que $x_1 = y_1 + y_2 + y_3 + y_4 - (e_1 + e_2 + e_3 + e_4)/4$. Así, el error que se comete al medir de esta manera es menor.

Capítulo 9

Diagonalización

A lo largo de este capítulo estableceremos condiciones para que una matriz A sea semejante a una matriz D y desarrollaremos el procedimiento para encontrar dicha matriz en caso de que sea posible.

En este capítulo podremos conocer:

- Una herramienta con la que poder simplificar los cálculos que involucran matrices.

- Comprender el comportamiento de sistemas dinámicos.

9.1. Fundamentos teóricos

El objetivo de este capítulo será, dado un endomorfimo $f : V \rightarrow V$, encontrar una base de V de tal manera que la matriz asociada a f sea diagonal.

Sea $B = \{v_1, \ldots, v_n\}$ una base de V y $A = \begin{pmatrix} \lambda_1 & 0 & \cdots & 0 \\ 0 & \lambda_1 & \cdots & 0 \\ \vdots & \vdots & \ddots & \vdots \\ 0 & 0 & \cdots & \lambda_n \end{pmatrix}$, la matriz del

endomorfismo, con $\lambda_1, \lambda_2, \ldots, \lambda_n \in \mathbb{K}$. Como las columnas de la matriz coinciden con

las imágenes de los elementos de la base, tenemos que $f(v_1) = (\lambda_1, 0, \ldots, 0), f(v_2) = (0, \lambda_2, \ldots, 0), \ldots, f(v_n) = (0, 0, \ldots, \lambda_n)$. De manera equivalente, tenemos que $f(v_1) = \lambda_1 v_1, f(v_2) = \lambda_2 v_2, \ldots, f(v_n) = \lambda_n v_n$. Así, para encontrar esta base, debemos hallar los vectores cuyas imágenes sean múltiplos de ellos mismos, es decir, debemos resolver la ecuación $AX = \lambda X$. Si denotamos por I a la matriz identidad, la ecuación anterior queda como $AX - \lambda IX = 0$ y, sacando factor común, $(A - \lambda I)X = 0$.

Por tanto, tenemos que los vectores que buscamos deben pertenecer al núcleo de la aplicación lineal cuya matriz asociada es $A - \lambda I$, por lo que forman un subespacio vectorial de V. Además, para que exista soluciones distintas de la trivial, es necesario que $|A - \lambda I| = 0$. Este razonamiento motiva las siguientes definiciones donde $\mathcal{M}_{n \times n}(\mathbb{K})$ representa el conjunto de matrices cuadradas de n filas y n columnas.

Definición 9.1.1. Sea $A \in \mathcal{M}_{n \times n}(\mathbb{K})$ e I la matriz identidad. Denominamos **polinomio característico** de A al polinomio $p(\lambda) = |A - \lambda I| \in P_n(\lambda)$.

Definición 9.1.2. Sea $A \in \mathcal{M}_{n \times n}(\mathbb{K})$, $v \in \mathbb{K}^n \setminus \{0\}$ y $\lambda \in \mathbb{K}$ tales que $Av = \lambda v$. Entonces v se denomina **autovector** o **vector propio** y λ **autovalor** o **valor propio**.

Notemos que las raíces del polinomio característico son los autovalores de la matriz. Veamos como afecta cambiar de base al endomorfismo. Sea B una base de V y B' la base que transforma la matriz del endomorfismo en una matriz diagonal. Sea $Y_B = AX_B$ la ecuación del endomorfismo y $X_{B'} = MX_B$ donde M es la matriz de cambio de base de B a B', entonces $Y_B = AM^{-1}X_{B'}$. Es decir, $M^{-1}Y_{B'} = AM^{-1}X_{B'}$ y por tanto $Y_{B'} = MAM^{-1}X_{B'}$. Ergo, la matriz diagonal en la nueva base será $A' = MAM^{-1}$.

Definición 9.1.3. Sean $A, A' \in \mathcal{M}_{n \times n}(\mathbb{K})$. Diremos que A y A' son **semejantes** si existe $M \in \mathcal{M}_{n \times n}(\mathbb{K})$ matriz regular tal que $A' = MAM^{-1}$.

Notemos que «ser semejante» es una relación de equivalencia y que, aunque la matriz cambie al cambiar de base, el polinomio característico permanece invariante.

Proposición 9.1.4. *El polinomio característico no depende de la matriz del endomorfismo.*

Demostración. Sea A la matriz de un endomorfismo y $A' = MAM^{-1}$ la matriz del mismo endomorfismo en otra base. Se tiene que $|A' - \lambda I| = |MAM^{-1} - \lambda I| = |MAM^{-1} - \lambda MIM^{-1}| = |M(A - \lambda I)M^{-1}| = |M||A - \lambda I||M^{-1}| = |A - \lambda I|$. □

En lo que sigue, asumiremos que $\mathbb{K}$ es el conjunto de los números reales por lo que solamente estudiaremos el caso de autovalores reales. Antes de poder continuar, necesitamos dos nuevas definiciones.

Definición 9.1.5. La **multiplicidad algebraica** del autovalor λ_i es el exponente α_i del factor $\lambda - \lambda_i$ en el polinomio característico.

Dicho de otra manera, la multiplicidad algebraica de λ es la multiplicidad de la raíz λ en el polinomio característico.

Definición 9.1.6 (Multiplicidad geométrica). La **multiplicidad geométrica** del autovalor λ_i es la dimensión del subespacio que generan los autovectores asociados a él. Denotaremos por $V(\lambda_i)$ al subespacio generado por el vector propio asociado al autovalor λ_i y denotaremos por d_i a la multiplicidad geométrica correspondiente a dicho subespacio.

Podemos ya enunciar el principal resultado de esta sección.

Teorema 9.1.7 (Diagonalización de endomorfismos). *Sea $f : V \to V$ un endomorfismo y $\lambda_1, \ldots, \lambda_m \in \mathbb{R}$ sus autovalores y $n = \dim V$. Entonces f es diagonalizable si y solo si se verifican las siguientes condiciones:*

- $\alpha_1 + \ldots + \alpha_m = n$

- $d_i = \alpha_i$ *con* $1 \leq i \leq m$.

Como consecuencia directa de este teorema, tenemos el siguiente resultado.

Corolario 9.1.8. *Sea $f : V \to V$ un endomorfismo y V un espacio vectorial de dimensión n. Si f tiene n valores propios distintos $\lambda_1, \ldots, \lambda_n$, entonces, el endomorfismo es diagonalizable.*

Como ya sabemos, a cada endomorfismo se le puede asociar una matriz cuadrada de orden la dimensión del espacio sobre el que está definido dicha aplicación, lo que motiva la siguiente definición.

Definición 9.1.9. Decimos que una matriz $A \in \mathcal{M}_{n \times n}(\mathbb{K})$ es **diagonalizable** si existen una matriz invertible $P \in \mathcal{M}_{n \times n}(\mathbb{K})$ y una matriz diagonal $D \in \mathcal{M}_{n \times n}(\mathbb{K})$ que verifican

$$A = PDP^{-1}.$$

En otras palabras, una matriz A es diagonalizable si es semejante a una matriz diagonal. A la matriz P se la denomina *matriz de paso*.

Nota 9.1.10 (Proceso de diagonalización de una matriz). A efectos prácticos, el cálculo de las matrices D y P es sencillo teniendo en cuenta las definiciones dadas anteriormente y que A es un endomorfismo. En concreto, la matriz D será aquella cuyas entradas de la diagonal estén formadas por los valores propios de A escritos por orden de multiplicidad (esto quiere decir que si un valor propio tiene multiplicidad doble, habrá de escribirse dos veces en la diagonal, triple, tres, y así sucesivamente), mientras que las columnas de la matriz P son los vectores propios asociados a cada valor propio de A en el mismo orden que en la matriz D.

El siguiente resultado indica que los subespacios propios asociados a distintos valores propios tienen intersección vacía.

Teorema 9.1.11. *Sea* $A \in \mathcal{M}_{n \times n}(\mathbb{R})$ *una matriz diagonalizable, con valores propios* $\lambda_1, \ldots, \lambda_k$, *con* $k \leq n$, *y sean* $v_1, \ldots, v_k$ *los vectores propios asociados a estos valores propios. Entonces,* $v_1, \ldots, v_k$ *son linealmente independientes.*

Demostración. Probemos este resultado por inducción. Veamos primero que dos vectores propios son linealmente independientes. Sean v_1, v_2 los vectores propios asociados a λ_1, λ_2 y supongamos lo contrario. Si son linealmente dependientes, quiere decir que existe un escalar $\alpha \in \mathbb{R}$ tal que

$$v_1 = \alpha v_2. \tag{9.1}$$

Aplicando el endomorfismo A obtenemos $Av_1 = \alpha Av_2$, de donde deducimos que $\lambda_1 v_1 = \alpha \lambda_2 v_2$. Multiplicando en (9.1) por λ_1, tenemos que $\lambda_1 v_1 = \alpha \lambda_1 v_2$, lo que implica que $\alpha \lambda_2 v_2 = \alpha \lambda_1 v_2$, o lo que es lo mismo $\alpha(\lambda_1 - \lambda_2)v_2 = 0$. Dado que v_2 es vector propio, por definición, ha de ser no nulo, es decir, nos quedaría que $\alpha(\lambda_1 - \lambda_2) = 0$, y como λ_1, λ_2 era valores propios distintos, la única posibilidad es que $\alpha = 0$. Pero, de esto deducimos que v_1 habría de ser 0, llegando así a contradicción, por tanto, v_1, v_2 han de ser linealmente independientes.

Supongamos ahora que $v_1, \ldots, v_{k-1}$ son vectores propios linealmente independientes, pero que $v_1, \ldots, v_k$ son linealmente dependientes. Entonces, podemos escribir v_k como combinación lineal de los $k - 1$ anteriores, es decir,

$$v_k = \alpha_1 v_1 + \alpha_2 v_2 + \cdots + \alpha_{k-1} v_{k-1} \tag{9.2}$$

Siguiendo el mismo razonamiento que en el caso anterior, multiplicamos en (9.2) por A, donde quedaría $Av_k = \alpha_1 Av_1 + \alpha_2 Av_2 + \cdots + \alpha_{k-1}Av_{k-1}$, es decir, $\lambda_k v_k = \alpha_1 \lambda_1 v_1 + \alpha_2 \lambda_2 v_2 + \cdots + \alpha_{k-1}\lambda_{k-1}v_{k-1}$. Por otra parte, multiplicamos en (9.2) por λ_k, esto es, $\lambda_k v_k = \alpha_1 \lambda_k v_1 + \alpha_2 \lambda_k v_2 + \cdots + \alpha_{k-1}\lambda_k v_{k-1}$. Igualando las dos expresiones que tenemos para $\lambda_k v_k$, nos queda lo siguiente

$$\alpha_1 \lambda_1 v_1 + \alpha_2 \lambda_2 v_2 + \cdots + \alpha_{k-1}\lambda_{k-1}v_{k-1} = \alpha_1 \lambda_k v_1 + \alpha_2 \lambda_k v_2 + \cdots + \alpha_{k-1}\lambda_k v_{k-1}$$

dado que los vectores $v_1, \ldots, v_{k-1}$ son linealmente independientes (por lo que la expresión de un vector en función de éstos ha de ser única), deducimos que

$$\alpha_1 \lambda_1 = \alpha_1 \lambda_k, \quad \alpha_2 \lambda_2 = \alpha_2 \lambda_k, \ldots, \alpha_{k-1}\lambda_{k-1} = \alpha_{k-1}\lambda_k.$$

De estas últimas igualdades, dado que los λ_i, $i = 1, \ldots, k$, son todos distintos, la única opción es que $\alpha_1 = \alpha_2 = \ldots = \alpha_{k-1} = 0$, por lo que v_k habría de ser nulo, llegando así a contradicción con la definición de vector propio. $\qquad \square$

La demostración del siguiente resultado queda como ejercicio para el lector.

Proposición 9.1.12. *Un endomorfismo $f : V \to V$ es diagonalizable si y solo si los vectores propios de f forman una base de V.*

Finalmente, damos dos resultados que nos ahorra tener que hacer las comprobaciones previas para ver si un tipo concreto de matrices son diagonalizables.

Proposición 9.1.13. *Si A es una matriz simétrica entonces es diagonalizable.*

Proposición 9.1.14. *Si el polinomio característico asociado a una matriz A de orden n tiene n raíces distintas, entonces, A es diagonalizable.*

Antes de pasar a la sección de ejercicios, veamos un ejemplo práctico de cómo diagonalizar un endomorfismo o matriz.

Ejemplo 9.1.15. Justificar si la matriz $A = \begin{pmatrix} 3 & 1 \\ 2 & 2 \end{pmatrix}$ es o no diagonalizable. Esta matriz no es simétrica, así que a priori no podemos saber si es o no diagonalizable. Por lo tanto, pasamos a estudiar las raíces de su polinomio característico $p(\lambda)$ asociado:

$$p(\lambda) = |A - \lambda I| = \begin{vmatrix} 3 - \lambda & 1 \\ 2 & 2 - \lambda \end{vmatrix} = (3 - \lambda)(2 - \lambda) - 2 = \lambda^2 - 4\lambda + 4.$$

Las raíces de este polinomio son $\lambda_1 = 4$ y $\lambda_2 = 1$, cada una con multiplicidad algebraica 1. Notemos que, al ser dos raíces distintas y el orden de la matriz que intentamos diagonalizar es también dos, podríamos concluir que es diagonalizable. Supongamos que no nos damos cuenta de ésto y vamos a comprobar el teorema principal para diagonalizar una matriz. Tenemos que las multiplicidades algebraicas suman el orden de la matriz $(1 + 1 = 2)$. Calculemos las multiplicidades geométricas:

- $\lambda_1 = 4$: Sabemos por definición que X es autovector asociado a λ_1 si cumple $(A - \lambda_1 I)X = 0$. En nuestro caso,

$$\begin{pmatrix} -1 & 1 \\ 2 & -2 \end{pmatrix} \begin{pmatrix} x \\ y \end{pmatrix} = \begin{pmatrix} 0 \\ 0 \end{pmatrix} \iff \begin{cases} -x + y = 0 \\ 2x - 2y = 0 \end{cases} \Rightarrow x = y.$$

Luego, una base del conjunto de soluciones es $B_{V(\lambda_1)} = \{(1,1)\}$. Cada uno de los vectores que forme esta base, es decir, que genere el subespacio propio $V(\lambda_1)$, será un autovalor, en este caso tenemos un único vector propio. Además, la multiplicidad geométrica de $\lambda_1 = 4$ es 1 ya que la dimensión de $V(\lambda_1) = 1$, y coincide con la multiplicidad algebraica de $\lambda_1 = 4$. Por ahora, se dan las condiciones del teorema para que la matriz sea diagonalizable (como era de esperar).

- $\lambda_2 = 1$: Hacemos el mismo procedimiento que para el valor propio anterior:

$$\begin{pmatrix} 2 & 1 \\ 2 & 1 \end{pmatrix} \begin{pmatrix} x \\ y \end{pmatrix} = \begin{pmatrix} 0 \\ 0 \end{pmatrix} \iff \left\{ 2x + y = 0 \implies y = -2x. \right.$$

En este caso, $B_{V(\lambda_2)} = \{(1,2)\}$, luego la dimensión de $V(\lambda_2)$ es 1 y coincide con la multiplicidad algebraica de este autovalor.

Se cumplen entonces todas las condiciones del Teorema 9.1, por lo que la matriz A es diagonalizable. Esto quiere decir que existen una matriz diagonal D y una matriz regular P tales que $A = PDP^{-1}$, con

$$D = \begin{pmatrix} 4 & 0 \\ 0 & 1 \end{pmatrix}, \quad P = \begin{pmatrix} 1 & 1 \\ 1 & -2 \end{pmatrix},$$

donde para obtener P y D hemos seguido el proceso detallado a continuación de la Definición 9.1 (ver Nota 9.1).

9.2. Aplicaciones

El estudio de autovalores es de vital importancia cuando estudiamos procesos que evolucionan en el tiempo. Este tipo de situaciones se suelen modelar utilizando lo que se conoce como ecuaciones diferenciales. El estudio de este tipo de ecuaciones se podría extender por varios libros, por lo que el presente manual no tiene intención de profundizar en ellas. Basta saber que son ecuaciones donde las incógnitas son funciones y que las derivadas de estas

aparecen en la ecuación. Un ejemplo sería hallar una función f que verifique $f'(x) = 5f(x)+3$. Sabiendo esto, veamos como los autovalores nos permiten trabajar con estas ecuaciones y extraer información de ellas.

9.2.1. Resolución de ecuaciones diferenciales ordinarias con coeficientes constantes

Consideramos una ecuación diferencial ordinaria, es decir, una ecuación en la que la derivada que aparece es de primer orden. En forma matricial, sería una ecuación de la forma $X' = AX$, donde X' es la derivada de X y A la matriz asociada al respectivo sistema. Si A es diagonalizable tiene una expresión de la forma $A = PDP^{-1}$, siendo P la correspondiente matriz de autovectores y D, la matriz diagonal semejante. Sustituyendo en la ecuación obtenemos

$$X' = AX = PDP^{-1}X.$$

Si ahora multiplicamos a ambos lados por P^{-1}, se tiene

$$P^{-1}X' = DP^{-1}X,$$

es decir, $X'_P = DX_P$, donde $X'_P = P^{-1}X'$ y $X_P = P^{-1}X$. Luego, la solución $X = PX_P$, por lo que hemos simplificado el problema transformándolo en la resolución de la ecuación $X'_P = DX_P$.

9.2.2. Sistemas dinámicos

Supongamos que la evolución de dos especies que conviven en un mismo territorio viene dada por la ecuación diferencial ordinaria $X' = AX$ y nos interesa saber como se desarrollarán ambas especies a lo largo del tiempo.

En primer lugar, igualamos ambas derivadas a cero, para calcular los puntos de equilibrio del sistema, es decir, las cantidades exactas de cada especie que pueden existir al mismo tiempo sin que su número varíe. A continuación, nos interesa saber si al modificar un poco alguna de ambas especies, por ejemplo, si cazamos algunas de ellas modificaremos de forma sustancial el ecosistema. Aquí es donde entran en juego los autovalores de A. Si ambos son negativos, el punto de equilibrio será estable, es decir, que podremos añadir o sustraer algún miembro de alguna de las especies y el sistema volverá de nuevo a la situación anterior a realizar esto. Sin embargo, si ambos son positivos, el punto de equilibrio es inestable, es decir la mínima variación provocará cambios en el entorno, pudiendo llegar a producir la extinción de las especies, incluso de ambas.

9.3. Ejercicios

Ejercicio 9.1. *Dada la aplicación lineal* $f(x, y, z) = (2x + 2y + z, x + 3y + z, x + 2y + 2z)$ *cuya matriz es A, encontrar una matriz diagonal semejante a A.*

Ejercicio 9.2. *Sea A un endomorfismo diagonalizable, con matriz diagonal D y matriz de paso P. Demostrar que* A^n *también es diagonalizable y tiene matriz diagonal asociada* D^n. *Como consecuencia, calcular* A^n.

Ejercicio 9.3. *Sea* $A = \begin{pmatrix} 1 & 0 & 1 \\ 0 & 1 & -2 \\ 0 & 0 & 2 \end{pmatrix}$ *la matriz asociada a cierta aplicación lineal respecto de la base canónica de* $\mathbb{R}^3$. *¿Es diagonalizable? En caso afirmativo, calcular* A^{2048}.

Ejercicio 9.4. *Probar que toda matriz semejante a una matriz diagonalizable es también diagonalizable.*

Ejercicio 9.5. *Sea* $f : \mathbb{R}^3 \to \mathbb{R}^3$ *la aplicación lineal dada por*

$$f(1,0,0) = (0,-1,1)$$

$$f(0,1,0) = (1,2,-1)$$

$$f(0,0,1) = (-1,-1,2)$$

a) Comprobar si la matriz asociada a dicha aplicación lineal es diagonalizable.

b) En caso afirmativo, calcular un autovector asociado.

Ejercicio 9.6. *Dada la aplicación lineal cuya matriz asociada es* $\begin{pmatrix} 4 & 2 \\ 1 & 3 \end{pmatrix}$, *hallar una base de* $\mathbb{R}^2$ *formada por autovectores de dicha aplicación.*

Ejercicio 9.7. *Dada la matriz* $A = \begin{pmatrix} a & 0 & 0 \\ 2 & -1 & 0 \\ 0 & 2b & 3 \end{pmatrix}$, *calcular* $a, b \in \mathbb{R}$ *para que la matriz sea diagonalizable.*

Ejercicio 9.8. *Dada la matriz* $A = \begin{pmatrix} 3 & -2 & 0 \\ -2 & 3 & 0 \\ 0 & 0 & 6 \end{pmatrix}$, *encuentra uno de los autovectores que forman la matriz de paso P que permite diagonalizarla.*

Ejercicio 9.9. *Estudiar si las matrices A y B son semejantes, con*

$$A = \begin{pmatrix} 2 & 0 & 0 \\ 0 & 2 & 0 \\ 0 & -1 & -3 \end{pmatrix}, \quad B = \begin{pmatrix} 0 & -2 & -\frac{5}{3} \\ 2 & 4 & \frac{5}{3} \\ -5 & -5 & -3 \end{pmatrix},$$

y, en caso afirmativo, hallar una matriz de paso.

Ejercicio 9.10. *Calcular el valor $a \in \mathbb{R}$ para que la matriz* $A = \begin{pmatrix} 1 & a & a \\ -1 & 1 & -1 \\ 1 & 0 & 2 \end{pmatrix}$ *sea diagonalizable. Para estos valores de A, dar la expresión de A^n.*

Apéndice A

Álgebra con Python

En esta sección veremos como podemos aplicar Python como herramienta para ayudarnos a la hora de realizar cálculos complejos. Para la realización de los ejemplos hemos utilizado Python 3.7.4 usando los notebooks de Jupyter como interfaz. Para instalarlo, simplemente se accede a `https://www.anaconda.com/products/individual` y se descarga la versión más reciente.

Todos los códigos que aparecen aquí, pueden encontrarse también en un repositorio creado específicamente para alojarlos:

`https://github.com/D-marina/AlgebraInformatica/blob/main/Libro%20%C3%81lgebra.ipynb`

A.1. Introducción

Una vez instalemos el programa, siguiendo las instrucciones que aparezcan en pantalla, deberemos arrancar Jupyter. Para ello hemos de hacer acceder a la aplicación «Jupyter notebook (Anaconda 3)». Cuando se inicie, veremos nuestro sistema de carpetas y navegaremos hasta el directorio donde deseemos trabajar. A continuación, seleccionaremos «New» y «Python 3».

Cuando arrancamos Jupyter y creamos un nuevo archivo, vemos que está formado por celdas. Si estas tienen una línea vertical azul en la parte izquierda, estaremos en el modo de

edición de celdas, y si está verde podremos escribir en ellas. Si queremos pasar de un modo a otro, tendremos que pulsar Escape para entrar en el modo edición y Enter, para el modo escritura. Mientras que estamos en el modo edición, las letras realizan distintos comandos:

- A: Crea una celda arriba de la actual.

- B: Crea una celda bajo la actual.

- X: Corta una celda.

- C: Copia una celda.

- V: Pega una celda

- Y: Indica que la celda contiene código para ser evaluado.

- M: Indica que la celda contiene texto.

Cuando estemos en el modo escritura, para evaluar la celda tendremos que pulsar Mayúscula+Enter. Si la celda tenía un código lo ejecutará y si tiene un texto, lo mostrará por pantalla. Notemos que cuando escribimos texto, podemos utilizar Markdown, LaTeX y html para obtener los resultados que queramos.

Veremos ahora las operaciones básicas que podemos realizar en este lenguaje. Los símbolos $+$, $-$, $*$ y $/$ representan la suma, resta, producto y división, respectivamente. Para escribir una potencia utilizamos $**$, así, si escribimos $2**3$ obtendremos 8. Otros operadores útiles son $//$ que realiza la división entera y $\%$ que nos ofrece el resto al dividir dos números.

A.1.1. Algortimo RSA

Veamos como podemos programar en Python el algoritmo RSA, explicado en el Capítulo 1. Una vez elegidos los primos p y q junto con el valor $e = 7$, podemos calcular d.

```
for d in range(m):
if e*d %m == 1:
    print("d = ",d)
    break
```

Con esto, como puede verse en el enlace anteriormente indicado podemos definir las funciones que nos permiten encriptar y desencriptar mensajes.

A.2. Matrices

Para trabajar con matrices tenemos que cargar en primer lugar la biblioteca *numpy*. Cuando las importamos, es una buena práctica ponerles un alias. Así, sabremos en todo momento la función que estamos usando y evitaremos problemas por tener distintas funciones con el mismo nombre.

```
import numpy as np
```

Podemos definir matrices con el siguiente código:

```
A = np.array([[1, 1],[0, 1]])
B = np.array([[4, 1],[2, 2]])
```

El tipo de datos nos permite crear un vector, el cual escribimos entre corchetes. Un vector cuyos elementos es un vector forma una matriz. Para sumar, multiplicar y calcular inversas de matrices y calcular determinantes, utilizaremos los siguientes comandos:

```
A+B
np.matmul(A,B)
np.linalg.inv(A)
np.linalg.det(A)
```

A.2.1. Tratamiento de imágenes

Para representar imágenes necesitamos usar la librería *matplotlib.pyplot*, a la cual le pondremos el alias *plt*. Como una imagen no es más que una matriz de valores que nuestras pantallas representa como píxeles, podemos crear una matriz de ceros y unos, y python la representarán con cuadrados blancos y negros respectivamente.

```
imagen1 = np.array([[1,0,1],[0,1,0],[1,0,1]])
plt.imshow(imagen1,cmap='Greys');
```

Si queremos crear imágenes en color, en lugar de ceros y unos, tenemos que escribir vectores con tres coordenadas, la primera representa el rojo, la segunda, el verde y la tercera, el azul.

```
imagen2 = [[[255,0,0],[0,255,0],[0,0,255]]]
plt.imshow(imagen2)
```

En el paquete *misc* de *scipy* podemos encontrar una imagen que podemos utilizar con los siguientes comandos.

```
from scipy import misc
imagen3 = misc.face()
plt.imshow(imagen3);
```

Como la imagen es una matriz, podemos manipularla a nuestro antojo. Por ejemplo, si hacemos la media de cada elemento de la matriz, obtenedremos la misma imagen en escala de grises.

```
def EscalaGris(imagen):
n = len(imagen)
m = len(imagen[0])
image_bn = []
for x in range(n):
```

```
    linea = list([])
    for y in range(m):
        linea.append(np.array(imagen)[x][y].mean())
    image_bn.append(linea)
return image_bn
plt.imshow(EscalaGris(imagen3),cmap='Greys')
```

Ahora que está la imagen en blanco y negro, si solamente pintamos los píxeles que tienen un valor mayor que cierto umbral, podríamos encontrar los puntos más relevantes de la imagen o incluso limpiar el ruido de la misma. Podemos también dejar un color solamente y eliminar el resto.

```
def ImagenRojo(imagen):
n = len(imagen)
m = len(imagen[0])
image_rj = []
for x in range(n):
    linea = list([])
    for y in range(m):
        pixel = np.array(imagen)[x][y]
        linea.append(np.array([pixel[0],0,0]))
    image_rj.append(linea)
return image_rj
plt.imshow(ImagenRojo(imagen3))
```

A.3. Sistemas de ecuaciones lineales

Para poder resolver sistemas de ecuaciones, necesitamos una biblioteca de cálculo simbólico y definir las variables como símbolos. Para ello, usaremos *sympy* con el alias *sp*.

```
import sympy as sp
```

```
x = sp.symbols('x')
y = sp.symbols('y')
```

La función que utilizaremos es *solve*. Para ello, pondremos las ecuaciones entre corchetes (siempre se asumen igualadas a cero) y a continuación las variables. Esta función nos devolverá la solución del sistema si es compatible o una lista vacía si es incompatible.

```
sp.solve([x+y-2,x-y],[x,y])
sp.solve([x+y,2*x+2*y],[x,y])
sp.solve([x+y,x+y-1],[x,y])
```

Apéndice B

Ejercicios resueltos

En este capítulo expondremos las soluciones de todos los ejercicios que se han ido propuesto a lo largo del presente manual.

B.1. Ejercicios del Capítulo 3

Solución 3.1

Consideramos las matrices dadas por el enunciado

$$
A = \begin{pmatrix} a_{11} & a_{12} & \cdots & a_{1n} \\ a_{21} & a_{22} & \cdots & a_{2n} \\ \vdots & \vdots & \ddots & \vdots \\ a_{m1} & a_{m2} & \cdots & a_{mn} \end{pmatrix}, \quad B = \begin{pmatrix} b_{11} & b_{12} & \cdots & b_{1q} \\ b_{21} & b_{22} & \cdots & b_{2q} \\ \vdots & \vdots & \ddots & \vdots \\ b_{p1} & b_{p2} & \cdots & b_{pq} \end{pmatrix}.
$$

Denotando al producto $(c_{ij}) = C := A \times B$, sabemos que $c_{ij} = \sum_{l,k=1}^{n,p} a_{il} \cdot b_{kj}$, de manera que para que el producto pueda realizarse, el número de columnas de la matriz situada como factor de la izquierda del producto ha de ser igual al número de filas de la matriz situada como factor de la derecha; en nuestro caso, n ha de ser igual a p, mientras que la relación de m y q en el producto $A \times B$ no es relevante. La dimensión de la matriz C, es $m \times q$.

De manera totalmente análoga, para que el producto $B \times A$ pueda realizarse ha de cumplirse que $q = m$, para cualesquiera n y p, y la matriz $B \times A$ tiene dimensión $p \times n$.

Solución 3.2

Si se hacen directamente los cálculos $M^2 - (a + d)M + (ad - bc)I_2$ se obtienen cuatro expresiones algebraicas correspondientes a cada entrada de la matriz resultado en las que lo términos se eliminan entre ellos quedando 0 en las 4 expresiones. Otra forma de probar la identidad del enunciado es la siguiente:

Nótese que $\operatorname{tr}(M) = a + d$, $\det(M) = ad - bc$. Así, la igualdad $M^2 - (a + d)M + (ad - bc)I_2 = 0$ puede reescribirse como

$$M^2 - \operatorname{tr}(M)M + \det(M)I_2 = 0, \tag{B.1}$$

por lo que bastará con probar que

$$M^2 + \det(M)I_2 = \operatorname{tr}(M)M. \tag{B.2}$$

Multiplicando por M^{-1} a la derecha en la igualdad (B.2), quedaría

$$(M^2 + \det(M)I_2)M^{-1} = \operatorname{tr}(M)I_2 \iff M + \det(M)M^{-1} = \operatorname{tr}(M)I_2.$$

Teniendo en cuenta que $M^{-1} = \dfrac{1}{\det(M)}\operatorname{adj}(M^T)$,

$$M + \operatorname{adj}(M^T) = \operatorname{tr}(M)I_2, \quad \text{donde } \operatorname{adj}(M^T) = \begin{pmatrix} d & -b \\ -c & a \end{pmatrix},$$

con lo que la igualdad quedaría demostrada.

Solución 3.3

El caso para matrices de orden 1 es trivial y se desprende directamente de la conmutatividad del cuerpo sobre el que están definidos los elementos de las matrices (además, todas las matrices son diagonales). Veamos lo que pasa con matrices de orden 2 para hacernos una idea. Consideremos dos matrices diagonales cualesquiera

$$A = \begin{pmatrix} a_{11} & 0 \\ 0 & a_{22} \end{pmatrix}, \quad B = \begin{pmatrix} b_{11} & 0 \\ 0 & b_{22} \end{pmatrix}, \quad a_{11}, a_{12}, b_{11}, b_{12} \in \mathbb{R}.$$

Haciendo el producto $A \times B$:

$$A \times B = \begin{pmatrix} a_{11}b_{11} & 0 \\ 0 & a_{22}b_{22} \end{pmatrix} = \begin{pmatrix} b_{11}a_{11} & 0 \\ 0 & b_{22}a_{22} \end{pmatrix} = B \times A,$$

donde, en la segunda igualdad, hemos usado la conmutatividad del producto en el cuerpo $\mathbb{K}$. El lector ha de notar que la clave de este razonamiento está en que el producto de matrices diagonales es equivalente a multiplicar elemento a elemento las entradas de la diagonal principal de cada matriz, quedando así un producto de escalares (elementos del cuerpo), el cual siempre conmuta si trabajamos sobre un cuerpo, por lo que este razonamiento se puede extender a matrices de cualquier orden.

Recíprocamente, sean

$$A = \begin{pmatrix} a_{11} & 0 \\ 0 & a_{22} \end{pmatrix}, \quad B = \begin{pmatrix} b_{11} & b_{12} \\ b_{21} & b_{22} \end{pmatrix},$$

donde $a_{11}, a_{22}, b_{11}, b_{12}, b_{21}, b_{22} \in \mathbb{K}$. Haciendo los cálculos

$$A \times B = \begin{pmatrix} a_{11}b_{11} & a_{12}b_{12} \\ a_{22}b_{21} & a_{22}b_{22} \end{pmatrix}, \quad B \times A = \begin{pmatrix} b_{11}a_{11} & b_{12}a_{22} \\ b_{21}a_{11} & b_{22}a_{22} \end{pmatrix},$$

de modo que para que el producto de ambas matrices conmuten hay que pedir la condición $a_{11}b_{12} = a_{22}b_{12}$, para todos $a_{11}, a_{22} \in \mathbb{K}$, pero eso puede darse si, y sólamente si, $b_{12} = 0$. De manera totalmente análoga, se hace con el otro elemento del producto que no se encuentra en la diagonal y llegamos a que $b_{21} = 0$, es decir, B ha de ser una matriz diagonal.

Solución 3.4

Sean

$$A = \begin{pmatrix} a_{11} & a_{12} & \cdots & a_{1n} \\ a_{21} & a_{22} & \cdots & a_{2n} \\ \vdots & \vdots & \ddots & \vdots \\ a_{n1} & a_{n2} & \cdots & a_{nn} \end{pmatrix}, \quad B = \begin{pmatrix} b_{11} & b_{12} & \cdots & b_{1n} \\ b_{21} & b_{22} & \cdots & b_{2n} \\ \vdots & \vdots & \ddots & \vdots \\ b_{n1} & b_{n2} & \cdots & b_{nn} \end{pmatrix}$$

dos matrices cuadradas de tamaño n. Observando la expresión

$$
A + B = \begin{pmatrix} a_{11} + b_{11} & a_{12} + b_{12} & \cdots & a_{1n} + b_{1n} \\ a_{21} + b_{21} & a_{22} + b_{22} & \cdots & a_{2n} + b_{2n} \\ \vdots & \vdots & \ddots & \vdots \\ a_{n1} + b_{n1} & a_{n2} + b_{n2} & \cdots & a_{nn} + b_{nn} \end{pmatrix},
\tag{B.3}
$$

es fácil ver que se satisface $\mathrm{tr}(A + B) = \mathrm{tr}(A) + \mathrm{tr}(B)$, ya que, en $\mathrm{tr}(A + B)$ estamos sumando los elementos de la diagonal en la expresión (B.3), que es sumar todos los elementos de la diagonal principal de A y la de B, pero, por la asociatividad de la suma, esto es lo mismo que sumar primero los elementos de cada diagonal por separadado (o lo que es lo mismo, calcular la traza de A y luego la de B) y sumar ambos resultados, que es precisamente $\mathrm{tr}(A) + \mathrm{tr}(B)$.

Por otra parte, la segunda expresión se obtiende por la definición de producto de matrices, es decir, si $P = A \times B$, donde $P = (p_{ij})_{i,j=1}^{n}$, con

$$
p_{ij} = \sum_{k=1}^{n} a_{ik} b_{kj}, \quad i, j = 1, \ldots, n,
$$

de modo que los elementos de la diagonal serán de la forma

$$
p_{ii} = \sum_{j=1}^{n} a_{ij} b_{ji}, \quad i = 1, \ldots, n,
$$

por lo que su traza

$$
\mathrm{tr}(AB) = \sum_{i=1}^{n} \sum_{j=1}^{n} a_{ij} b_{ji}.
$$

De forma análoga, se tiene que $\mathrm{tr}(BA) = \sum_{j=1}^{n} \sum_{i=1}^{n} b_{ji} a_{ij}$. Operando un poco en esta última expresión, nos queda lo siguiente

$$\mathrm{tr}(BA) = \sum_{j=1}^{n}\sum_{i=1}^{n} b_{ji}a_{ij}$$

$$\overset{(1)}{=} \sum_{j=1}^{n}\sum_{i=1}^{n} a_{ij}b_{ji}$$

$$\overset{(2)}{=} \sum_{i=1}^{n}\sum_{j=1}^{n} a_{ij}b_{ji} = \mathrm{tr}(AB),$$

donde en (1) hemos usado la conmutatividad del cuerpo y en (2) que las sumas son finitas.

Solución 3.5

Al ver una ecuación matricial, lo primero que podríamos intentar es resolver multiplicando por la inversa de A a ambos lados de la igualdad. Sin embargo, observamos que esto no es posible, ya que A no es cuadrada, por lo que no tiene sentido hablar de su inversa. Al ser A una matriz 3×2, deducimos que X ha de ser una matriz 2×2, para que el producto de ambas tenga sentido y nos dé como resultado una matriz 3×2 que son las dimensiones de la matriz B, en particular

$$X = \begin{pmatrix} x_{11} & x_{12} \\ x_{21} & x_{22} \end{pmatrix}.$$

Haciendo el producto $A \cdot X$ nos queda la siguiente matriz (y, por último, impondremos que sea igual a B):

$$\begin{pmatrix} x_{11}+x_{21} & x_{12}+x_{22} \\ x_{11} & x_{12} \\ x_{11}+x_{21} & x_{12}+x_{22} \end{pmatrix} = \begin{pmatrix} 2 & 1 \\ 0 & 2 \\ 2 & 1 \end{pmatrix},$$

de donde deducimos fácilmente que $x_{11} = 0$, $x_{12} = 2$, $x_{21} = 2$, $x_{22} = -1$. En forma matricial

$$X = \begin{pmatrix} 0 & 2 \\ 2 & -1 \end{pmatrix}$$

Solución 3.6

Sea $B = \begin{pmatrix} b_{11} & b_{12} \\ b_{21} & b_{22} \end{pmatrix}$ una matriz arbitraria de orden 2. Veamos qué expresiones algebraicas se obtienen de imponer la condición $AB = BA$:

$$AB = \begin{pmatrix} b_{11} + 2b_{21} & b_{12} + b_{22} \\ 3b_{21} & 3b_{22} \end{pmatrix}, \quad BA = \begin{pmatrix} b_{11} & 2b_{11} + 3b_{12} \\ b_{21} & 2b_{21} + 3b_{22} \end{pmatrix},$$

igualando,

$$\begin{cases} b_{11} = b_{11} + 2b_{21} \\ b_{12} + b_{22} = 2b_{11} + 3b_{12} \\ 3b_{21} = b_{21} \\ 3b_{22} = 2b_{21} + 3b_{22} \end{cases}$$

De la primera ecuación concluimos que $b_{21} = 0$, con lo que la tercera y cuarta ecuación se cumplen también de forma automática. De la segunda, quedaría $b_{22} = 2(b_{11} + b_{12})$, es decir, las matrices B que conmutan con A son de la forma

$$B = \begin{pmatrix} b_{11} & b_{12} \\ 0 & 2(b_{11} + b_{12}) \end{pmatrix},$$

con $b_{11}, b_{12} \in \mathbb{R}$.

Solución 3.7

Recordamos que dos matrices son *equivalentes por filas* si podemos pasar de una a otra sólo con transformaciones elementales por filas. Veamos la primera de ellas:

$$\begin{pmatrix} 1 & 1 & 1 & 2 & 0 \\ 9 & 11 & 7 & 26 & 2 \\ 1 & 2 & 0 & 6 & 1 \\ 0 & 3 & -3 & 12 & 3 \end{pmatrix} \underset{F_{21}^{-9}}{\sim} \begin{pmatrix} 1 & 1 & 1 & 2 & 0 \\ 0 & 2 & -2 & 8 & 2 \\ 1 & 2 & 0 & 6 & 1 \\ 0 & 3 & -3 & 12 & 3 \end{pmatrix} \underset{F_{31}^{-1}}{\sim} \begin{pmatrix} 1 & 1 & 1 & 2 & 0 \\ 0 & 2 & -2 & 8 & 2 \\ 0 & 1 & -1 & 4 & 1 \\ 0 & 3 & -3 & 12 & 3 \end{pmatrix}$$

$$\underset{F_{32}^{-\frac{1}{2}}}{\sim} \begin{pmatrix} 1 & 1 & 1 & 2 & 0 \\ 0 & 2 & -2 & 8 & 2 \\ 0 & 0 & 0 & 0 & 0 \\ 0 & 3 & -3 & 12 & 3 \end{pmatrix} \underset{F_{31}}{\sim} \begin{pmatrix} 1 & 1 & 1 & 2 & 0 \\ 0 & 2 & -2 & 8 & 2 \\ 0 & 3 & -3 & 12 & 3 \\ 0 & 0 & 0 & 0 & 0 \end{pmatrix}$$

$$\underset{F_{32}^{-\frac{3}{2}}}{\sim} \begin{pmatrix} 1 & 1 & 1 & 2 & 0 \\ 0 & 2 & -2 & 8 & 2 \\ 0 & 0 & 0 & 0 & 0 \\ 0 & 0 & 0 & 0 & 0 \end{pmatrix} \underset{F_{2}^{\frac{1}{2}}}{\sim} \begin{pmatrix} 1 & 1 & 1 & 2 & 0 \\ 0 & 1 & -1 & 4 & 1 \\ 0 & 0 & 0 & 0 & 0 \\ 0 & 0 & 0 & 0 & 0 \end{pmatrix}.$$

Esta matriz ya está en forma escalonada reducida por filas:

- ¿las filas nulas están al final? ✓

- ¿el primer elemento no nulo de una fila, empezando por la izquierda (a este elemento lo denominaremos *pivote*) está a la derecha del primer elemento no nulo de la fila anterior? Esta cuestión se puede traducir como que todos los elementos por debajo del pivote (en su misma columna) son cero. ✓

- ¿los pivotes son 1? ✓

Para ver cuál es su rango, dado que éste no cambia mendiante transformaciones elementales, bastará con que calculemos el de la matriz en su forma escalonada por filas, en la que es fácil ver que el mayor menor con determinante no nulo que podemos formar es de orden dos, por lo que la característica de la matriz es también 2.

De forma análoga a la matriz anterior, por lo que obviaremos algo de detalle, veamos la segunda

$$
\begin{pmatrix} 1 & 1 & 2 & 0 & 0 \\ 9 & 1 & 10 & 8 & 2 \\ 1 & 1 & 2 & 0 & 1 \\ 0 & 1 & 1 & -1 & 3 \end{pmatrix}
\underset{F_{21}^{-9}}{\sim}
\begin{pmatrix} 1 & 1 & 2 & 0 & 0 \\ 0 & -8 & -8 & 8 & 2 \\ 1 & 1 & 2 & 0 & 1 \\ 0 & 1 & 1 & -1 & 3 \end{pmatrix}
\underset{F_{31}^{-1}}{\sim}
\begin{pmatrix} 1 & 1 & 2 & 0 & 0 \\ 0 & -8 & -8 & 8 & 2 \\ 0 & 0 & 0 & 0 & 1 \\ 0 & 1 & 1 & -1 & 3 \end{pmatrix}
$$

$$
\underset{F_{31}}{\sim}
\begin{pmatrix} 1 & 1 & 2 & 0 & 0 \\ 0 & -8 & -8 & 8 & 2 \\ 0 & 1 & 1 & -1 & 3 \\ 0 & 0 & 0 & 0 & 1 \end{pmatrix}
\underset{F_{32}^{\frac{1}{8}}}{\sim}
\begin{pmatrix} 1 & 1 & 2 & 0 & 0 \\ 0 & -8 & -8 & 8 & 2 \\ 0 & 0 & 0 & 0 & \frac{13}{4} \\ 0 & 0 & 0 & 0 & 1 \end{pmatrix}
\underset{F_{43}^{-\frac{4}{13}}}{\sim}
\begin{pmatrix} 1 & 1 & 2 & 0 & 0 \\ 0 & -8 & -8 & 8 & 2 \\ 0 & 0 & 0 & 0 & \frac{13}{4} \\ 0 & 0 & 0 & 0 & 0 \end{pmatrix}
$$

$$
\underset{\substack{F_{2}^{-\frac{1}{8}} \\ F_{3}^{\frac{4}{13}}}}{\sim}
\begin{pmatrix} 1 & 1 & 2 & 0 & 0 \\ 0 & 1 & 1 & -1 & \frac{1}{4} \\ 0 & 0 & 0 & 0 & 1 \\ 0 & 0 & 0 & 0 & 0 \end{pmatrix},
$$

en este caso, el rango de la matriz es 3.

Solución 3.8

Veamos la forma escalonada por filas para la matriz del enunciado. Para ello, aprovecharemos que estamos trabajando en $\mathbb{Z}_5$ y simplificaremos los cálculos.

$$
\begin{pmatrix}
\bar{0} & \bar{0} & \bar{0} & \bar{1} & \bar{2} & \bar{2} \\
\bar{0} & \bar{0} & \bar{2} & \bar{3} & \bar{3} & \bar{3} \\
\bar{0} & \bar{0} & \bar{4} & \bar{2} & \bar{4} & \bar{4} \\
\bar{0} & \bar{0} & \bar{1} & \bar{1} & \bar{1} & \bar{0}
\end{pmatrix}
\underset{\sim}{F_{14}}
\begin{pmatrix}
\bar{0} & \bar{0} & \bar{1} & \bar{1} & \bar{1} & \bar{0} \\
\bar{0} & \bar{0} & \bar{2} & \bar{3} & \bar{3} & \bar{3} \\
\bar{0} & \bar{0} & \bar{4} & \bar{2} & \bar{4} & \bar{4} \\
\bar{0} & \bar{0} & \bar{0} & \bar{1} & \bar{2} & \bar{2}
\end{pmatrix}
\underset{\sim}{F_{21}^{-2}}
\begin{pmatrix}
\bar{0} & \bar{0} & \bar{1} & \bar{1} & \bar{1} & \bar{0} \\
\bar{0} & \bar{0} & \bar{0} & \bar{1} & \bar{1} & \bar{3} \\
\bar{0} & \bar{0} & \bar{4} & \bar{2} & \bar{4} & \bar{4} \\
\bar{0} & \bar{0} & \bar{0} & \bar{1} & \bar{2} & \bar{2}
\end{pmatrix}
$$

$$
\underset{\sim}{F_{31}^{1}}
\begin{pmatrix}
\bar{0} & \bar{0} & \bar{1} & \bar{1} & \bar{1} & \bar{0} \\
\bar{0} & \bar{0} & \bar{0} & \bar{1} & \bar{1} & \bar{3} \\
\bar{0} & \bar{0} & \bar{0} & \bar{3} & \bar{0} & \bar{4} \\
\bar{0} & \bar{0} & \bar{0} & \bar{1} & \bar{2} & \bar{2}
\end{pmatrix}
\underset{\sim}{F_{32}^{2}}
\begin{pmatrix}
\bar{0} & \bar{0} & \bar{1} & \bar{1} & \bar{1} & \bar{0} \\
\bar{0} & \bar{0} & \bar{0} & \bar{1} & \bar{1} & \bar{3} \\
\bar{0} & \bar{0} & \bar{0} & \bar{0} & \bar{2} & \bar{0} \\
\bar{0} & \bar{0} & \bar{0} & \bar{1} & \bar{2} & \bar{2}
\end{pmatrix}
$$

$$
\underset{\sim}{F_{42}^{4}}
\begin{pmatrix}
\bar{0} & \bar{0} & \bar{1} & \bar{1} & \bar{1} & \bar{0} \\
\bar{0} & \bar{0} & \bar{0} & \bar{1} & \bar{1} & \bar{3} \\
\bar{0} & \bar{0} & \bar{0} & \bar{0} & \bar{2} & \bar{0} \\
\bar{0} & \bar{0} & \bar{0} & \bar{0} & \bar{1} & \bar{4}
\end{pmatrix}
\underset{\sim}{F_{43}^{2}}
\begin{pmatrix}
\bar{0} & \bar{0} & \bar{1} & \bar{1} & \bar{1} & \bar{0} \\
\bar{0} & \bar{0} & \bar{0} & \bar{1} & \bar{1} & \bar{3} \\
\bar{0} & \bar{0} & \bar{0} & \bar{0} & \bar{2} & \bar{0} \\
\bar{0} & \bar{0} & \bar{0} & \bar{0} & \bar{0} & \bar{4}
\end{pmatrix},
$$

además, el rango de la matriz, mirando su forma escalonada por filas, sería 4.

Solución 3.9

$$\begin{pmatrix} 1 & -3 & 5 & 0 & 2 & 1/2 \\ -2 & 6 & -10 & 0 & -4 & -1 \\ -2 & 6 & 0 & 1 & 4 & -3 \\ 0 & 0 & 10 & 1 & 8 & -2 \\ -1 & 3 & 0 & 1/2 & 2 & -3/2 \end{pmatrix} \overset{F^2_{21}}{\sim} \begin{pmatrix} 1 & -3 & 5 & 0 & 2 & 1/2 \\ 0 & 0 & 0 & 0 & 8 & 0 \\ -2 & 6 & 0 & 1 & 4 & -3 \\ 0 & 0 & 10 & 1 & 8 & -2 \\ -1 & 3 & 0 & 1/2 & 2 & -3/2 \end{pmatrix}$$

$$\overset{F_{24}}{\underset{F_{23}}{\sim}} \begin{pmatrix} 1 & -3 & 5 & 0 & 2 & 1/2 \\ -2 & 6 & 0 & 1 & 4 & -3 \\ 0 & 0 & 10 & 1 & 8 & -2 \\ 0 & 0 & 0 & 0 & 8 & 0 \\ -1 & 3 & 0 & 1/2 & 2 & -3/2 \end{pmatrix} \overset{F^2_{\bar{2}1}}{\sim} \begin{pmatrix} 1 & -3 & 5 & 0 & 2 & 1/2 \\ 0 & 0 & 10 & 1 & 8 & -2 \\ 0 & 0 & 10 & 1 & 8 & -2 \\ 0 & 0 & 0 & 0 & 8 & 0 \\ -1 & 3 & 0 & 1/2 & 2 & -3/2 \end{pmatrix}$$

$$\overset{F^{-1}_{23}}{\underset{F_{25}}{\sim}} \begin{pmatrix} 1 & -3 & 5 & 0 & 2 & 1/2 \\ -1 & 3 & 0 & 1/2 & 2 & -3/2 \\ 0 & 0 & 10 & 1 & 8 & -2 \\ 0 & 0 & 0 & 0 & 8 & 0 \\ 0 & 0 & 0 & 0 & 0 & 0 \end{pmatrix} \overset{F^1_{21}}{\sim} \begin{pmatrix} 1 & -3 & 5 & 0 & 2 & 1/2 \\ 0 & 0 & 5 & 1/2 & 4 & -1 \\ 0 & 0 & 10 & 1 & 8 & -2 \\ 0 & 0 & 0 & 0 & 8 & 0 \\ 0 & 0 & 0 & 0 & 0 & 0 \end{pmatrix}$$

$$\overset{F^{-2}_{32}}{\underset{F^{\frac{1}{8}}_{4}}{\sim}} \begin{pmatrix} 1 & -3 & 5 & 0 & 2 & 1/2 \\ 0 & 0 & 5 & 1/2 & 4 & -1 \\ 0 & 0 & 0 & 0 & 0 & 0 \\ 0 & 0 & 0 & 0 & 1 & 0 \\ 0 & 0 & 0 & 0 & 0 & 0 \end{pmatrix} \overset{F_{43}}{\underset{F^{\frac{1}{5}}_{2}}{\sim}} \begin{pmatrix} 1 & -3 & 5 & 0 & 2 & 1/2 \\ 0 & 0 & 1 & 1/10 & 4/5 & -1/5 \\ 0 & 0 & 0 & 0 & 1 & 0 \\ 0 & 0 & 0 & 0 & 0 & 0 \\ 0 & 0 & 0 & 0 & 0 & 0 \end{pmatrix},$$

con lo que la característica sería 3.

Solución 3.10

Recordamos que una matriz $A \in \mathcal{M}_4(\mathbb{R})$ es *simétrica* si y sólo si $A = A^T$, y *antisimétrica*, $A = -A^T$ (*Consejo*: teniendo en cuenta esta definición, podríamos construir una matriz triangular inferior y completarla para que cumpla alguna de las condiciones). Por lo tanto, un ejemplo de matriz simétrica sería

$$\begin{pmatrix} 1 & 5 & 6 & 8 \\ 5 & 2 & 7 & 9 \\ 6 & 7 & 3 & 10 \\ 8 & 9 & 10 & 4 \end{pmatrix},$$

mientras que una antisimétrica,

$$\begin{pmatrix} 0 & -5 & 6 & -8 \\ 5 & 0 & -7 & 9 \\ -6 & 7 & 0 & -10 \\ 8 & -9 & 10 & 0 \end{pmatrix}.$$

Nótese que en esta última definición, la condición $a_{ii} = -a_{ii}, i = 1, \ldots, 4$, obliga a que los elementos de la diagonal sean todos nulos. Empezaremos por esta condición en la descomposición en suma de una matriz simétrica y otra antisimétrica de la matriz dada en el enunciado. Queremos calcular pues una matriz A que sea antisimétrica y una matriz B, simétrica, tales que

$$\begin{pmatrix} 1 & -3 & 5 & -7 \\ 9 & -11 & 13 & -15 \\ 17 & -19 & 21 & -23 \\ 25 & -27 & 29 & 31 \end{pmatrix} = A + B. \tag{B.4}$$

Imponiendo la condición mencionada sobre la diagonal, sabemos que

$$A = \begin{pmatrix} 0 & a_{12} & a_{13} & a_{14} \\ -a_{12} & 0 & a_{23} & a_{24} \\ -a_{13} & -a_{23} & 0 & a_{34} \\ -a_{14} & -a_{24} & -a_{34} & 0 \end{pmatrix}, \quad B = \begin{pmatrix} 1 & b_{12} & b_{13} & b_{14} \\ b_{12} & -11 & b_{23} & b_{24} \\ b_{13} & b_{23} & 21 & b_{34} \\ b_{14} & b_{24} & b_{34} & 31 \end{pmatrix}.$$

Observamos que para que se cumpla la ecuación (B.4), las condiciones a imponer van *por parejas*, es decir, se imponen sólo condiciones en las que se relaciones los elementos a

y b que tengan los mismos subíndices. Por ejemplo, en el primero de ellos, se establecería el sistema de dos ecuaciones con dos incógnitas

$$\begin{cases} a_{12} + b_{12} = -3 \\ b_{12} - a_{12} = 9. \end{cases}$$

Así, resolviendo los seis sistemas que se obtienen a partir de (B.4), llegamos a la siguiente descomposición (se deja la comprobación de los cálculos para el lector)

$$\begin{pmatrix} 1 & -3 & 5 & -7 \\ 9 & -11 & 13 & -15 \\ 17 & -19 & 21 & -23 \\ 25 & -27 & 29 & 31 \end{pmatrix} = \begin{pmatrix} 0 & -6 & -6 & -16 \\ 6 & 0 & 16 & 6 \\ 6 & -16 & 0 & -26 \\ 16 & -6 & 26 & 0 \end{pmatrix} + \begin{pmatrix} 1 & 3 & 11 & 9 \\ 3 & -11 & -3 & -21 \\ 11 & -3 & 21 & 3 \\ 9 & -21 & 3 & 31 \end{pmatrix}.$$

Solución 3.11

Siguiendo el razonamiento del ejercicio anterior, queremos encontrar una matriz A, antisimétrica, y una matriz B, simétrica, tales que

$$\begin{pmatrix} \overline{1} & \overline{2} \\ \overline{4} & \overline{6} \end{pmatrix} = \underbrace{\begin{pmatrix} \overline{0} & \overline{a} \\ -\overline{a} & \overline{0} \end{pmatrix}}_{A} + \underbrace{\begin{pmatrix} \overline{1} & \overline{b} \\ \overline{b} & \overline{6} \end{pmatrix}}_{B}.$$

De la ecuación matricial anterior se desprende que

$$\begin{cases} \overline{a} + \overline{b} = \overline{2} \\ -\overline{a} + \overline{b} = \overline{4}, \end{cases}$$

concluyendo así que $\overline{b} = \overline{3}$, y $\overline{a} = \overline{6}$, i.e.,

$$\begin{pmatrix} \overline{1} & \overline{2} \\ \overline{4} & \overline{6} \end{pmatrix} = \begin{pmatrix} \overline{0} & \overline{6} \\ \overline{1} & \overline{0} \end{pmatrix} + \begin{pmatrix} \overline{1} & \overline{3} \\ \overline{3} & \overline{6} \end{pmatrix}.$$

Solución 3.12

Recordamos de teoría que la forma *normal* de una matriz $A \in \mathcal{M}_{m \times n}$, con rango r, está definida como la matriz de orden $m \times n$ de la forma

$$\begin{pmatrix} I_r & 0 \\ 0 & 0 \end{pmatrix}$$

Además, mediante transformaciones elementales siempre se puede reducir una matriz a su forma normal (usaremos la construcción de la prueba de este resultado para obtener la nuestra). Teniendo en cuenta el proceso para obtener la forma normal equivalente a una matriz dada, podemos partir de las formas escalonadas obtenidas en los ejercicios anteriores.

- Ejercicio 6:

$$\begin{pmatrix} 1 & 1 & 1 & 2 & 0 \\ 0 & 2 & -2 & 8 & 2 \\ 0 & 0 & 0 & 0 & 0 \\ 0 & 0 & 0 & 0 & 0 \end{pmatrix} \underset{\sim}{^{(1)}} \begin{pmatrix} 1 & 1 & 1 & 2 & 0 \\ 0 & 1 & -1 & 4 & 1 \\ 0 & 0 & 0 & 0 & 0 \\ 0 & 0 & 0 & 0 & 0 \end{pmatrix}$$

$$\underset{\sim}{^{(2)}} \begin{pmatrix} 1 & 1 & 2 & -2 & -1 \\ 0 & 1 & 0 & 0 & 0 \\ 0 & 0 & 0 & 0 & 0 \\ 0 & 0 & 0 & 0 & 0 \end{pmatrix} \underset{\sim}{^{(3)}} \begin{pmatrix} 1 & 0 & 0 & 0 & 0 \\ 0 & 1 & 0 & 0 & 0 \\ 0 & 0 & 0 & 0 & 0 \\ 0 & 0 & 0 & 0 & 0 \end{pmatrix}$$

donde se han hecho las siguientes transformaciones elementales

(1) $F_2^{1/2}$,

(2) $C_{32}^1, C_{42}^{-4}, C_{52}^{-1}$,

(3) $C_{21}^{-1}, C_{31}^{-2}, C_{41}^2, C_{51}^1$.

$$\begin{pmatrix} 1 & 1 & 2 & 0 & 0 \\ 0 & -8 & -8 & 8 & 2 \\ 0 & 0 & 0 & 0 & 13/4 \\ 0 & 0 & 0 & 0 & 0 \end{pmatrix} \underset{(4)}{\sim} \begin{pmatrix} 1 & 1 & 2 & 0 & 0 \\ 0 & 1 & 1 & -1 & -1/4 \\ 0 & 0 & 0 & 0 & 1 \\ 0 & 0 & 0 & 0 & 0 \end{pmatrix} \underset{(5)}{\sim} \begin{pmatrix} 1 & 0 & 1 & 1 & 1/4 \\ 0 & 1 & 1 & -1 & -1/4 \\ 0 & 0 & 0 & 0 & 1 \\ 0 & 0 & 0 & 0 & 0 \end{pmatrix}$$

$$\underset{(6)}{\sim} \begin{pmatrix} 1 & 0 & 0 & 0 & 0 \\ 0 & 1 & 0 & 0 & 0 \\ 0 & 0 & 0 & 0 & 1 \\ 0 & 0 & 0 & 0 & 0 \end{pmatrix} \underset{(7)}{\sim} \begin{pmatrix} 1 & 0 & 0 & 0 & 0 \\ 0 & 1 & 0 & 0 & 0 \\ 0 & 0 & 1 & 0 & 0 \\ 0 & 0 & 0 & 0 & 0 \end{pmatrix},$$

donde hemos usado las siguientes transformaciones elementales

(4) $F_2^{-1/8}, F_3^{4/13}.$

(5) $F_{12}^{-1}.$

(6) $C_{31}^{-1}, C_{32}^{-1}, C_{41}^{-1}, C_{51}^{-1}, C_{42}^{1}, C_{52}^{1/4}.$

(7) $C_{35}.$

- Ejercicio 7:

$$\begin{pmatrix} \bar{0} & \bar{0} & \bar{1} & \bar{1} & \bar{1} & \bar{0} \\ \bar{0} & \bar{0} & \bar{0} & \bar{1} & \bar{1} & \bar{3} \\ \bar{0} & \bar{0} & \bar{0} & \bar{0} & \bar{2} & \bar{0} \\ \bar{0} & \bar{0} & \bar{0} & \bar{0} & \bar{0} & \bar{4} \end{pmatrix} \underset{(8)}{\sim} \begin{pmatrix} \bar{0} & \bar{0} & \bar{1} & \bar{1} & \bar{1} & \bar{0} \\ \bar{0} & \bar{0} & \bar{0} & \bar{1} & \bar{1} & \bar{3} \\ \bar{0} & \bar{0} & \bar{0} & \bar{0} & \bar{1} & \bar{0} \\ \bar{0} & \bar{0} & \bar{0} & \bar{0} & \bar{0} & \bar{1} \end{pmatrix} \underset{(9)}{\sim} \begin{pmatrix} \bar{0} & \bar{0} & \bar{1} & \bar{0} & \bar{0} & \bar{0} \\ \bar{0} & \bar{0} & \bar{0} & \bar{1} & \bar{0} & \bar{0} \\ \bar{0} & \bar{0} & \bar{0} & \bar{0} & \bar{1} & \bar{0} \\ \bar{0} & \bar{0} & \bar{0} & \bar{0} & \bar{0} & \bar{1} \end{pmatrix}$$

$$\underset{(10)}{\sim} \begin{pmatrix} \bar{1} & \bar{0} & \bar{0} & \bar{0} & \bar{0} & \bar{0} \\ \bar{0} & \bar{1} & \bar{0} & \bar{0} & \bar{0} & \bar{0} \\ \bar{0} & \bar{0} & \bar{1} & \bar{0} & \bar{0} & \bar{0} \\ \bar{0} & \bar{0} & \bar{0} & \bar{1} & \bar{0} & \bar{0} \end{pmatrix}.$$

con transformaciones elementales

(8) $F_3^3, F_4^4.$

(9) $C_{43}^4, C_{53}^4, C_{54}^4, C_{64}^3$,

(10) $C_{13}, C_{24}, C_{35}, C_{64}$.

- Ejercicio 8:

$$
\begin{pmatrix}
1 & -3 & 5 & 0 & 2 & 1/2 \\
0 & 0 & 5 & 1/2 & 4 & -1 \\
0 & 0 & 0 & 0 & 8 & 0 \\
0 & 0 & 0 & 0 & 0 & 0 \\
0 & 0 & 0 & 0 & 0 & 0
\end{pmatrix}
\overset{(11)}{\sim}
\begin{pmatrix}
1 & -3 & 5 & 0 & 2 & 1/2 \\
0 & 0 & 1 & 1/10 & 4/5 & -1/5 \\
0 & 0 & 0 & 0 & 1 & 0 \\
0 & 0 & 0 & 0 & 0 & 0 \\
0 & 0 & 0 & 0 & 0 & 0
\end{pmatrix}
$$

$$
\overset{(12)}{\sim}
\begin{pmatrix}
1 & 0 & 0 & 0 & 0 & 0 \\
0 & 0 & 1 & 0 & 0 & 0 \\
0 & 0 & 0 & 0 & 1 & 0 \\
0 & 0 & 0 & 0 & 0 & 0 \\
0 & 0 & 0 & 0 & 0 & 0
\end{pmatrix}
\overset{(13)}{\sim}
\begin{pmatrix}
1 & 0 & 0 & 0 & 0 & 0 \\
0 & 1 & 0 & 0 & 0 & 0 \\
0 & 0 & 1 & 0 & 0 & 0 \\
0 & 0 & 0 & 0 & 0 & 0 \\
0 & 0 & 0 & 0 & 0 & 0
\end{pmatrix}
$$

donde las transformaciones elementales utilizadas han sido

(11) $F_2^{1/5}, F_3^{1/8}$,

(12) $C_{21}^3, C_{31}^{-5}, C_{51}^{-2}, C_{61}^{-1/2}, C_{43}^{-1/10}, C_{53}^{-4/5}, C_{63}^{1/5}$,

(13) C_{23}, C_{35}.

Solución 3.13

Como vimos en teoría, una de las aplicaciones principales de las transformaciones elementales sobre una matriz es el cálculo de su inversa. Para ello, bastaba con aplicar a la matriz unidad correspondiente (en este caso, sería la matriz identidad de orden 2) las mismas transformaciones por filas que las que se le hacen a la matriz cuya inversa se quiere calcular. Este método podía realizarse también haciendo transformaciones elementales sólo por columnas. Hagamos las transformaciones elementales por filas pertinentes:

$$\begin{pmatrix} 7 & 2 \\ 3 & 1 \end{pmatrix} \begin{array}{|cc} 1 & 0 \\ 0 & 1 \end{array}\Bigg)\underset{\sim}{F_1^{1/7}}\begin{pmatrix} 1 & 2/7 \\ 3 & 1 \end{pmatrix}\begin{array}{|cc} 1/7 & 0 \\ 0 & 1 \end{array}\Bigg)\underset{\sim}{F_{21}^{-3}}\begin{pmatrix} 1 & 2/7 \\ 0 & 1/7 \end{pmatrix}\begin{array}{|cc} 1/7 & 0 \\ -3/7 & 1 \end{array}\Bigg)$$

$$\underset{\sim}{F_2^{7}}\begin{pmatrix} 1 & 2/7 \\ 0 & 1 \end{pmatrix}\begin{array}{|cc} 1/7 & 0 \\ -3 & 7 \end{array}\Bigg)\underset{\sim}{F_{12}^{-2/7}}\begin{pmatrix} 1 & 0 \\ 0 & 1 \end{pmatrix}\begin{array}{|cc} 1 & -2 \\ -3 & 7 \end{array}\Bigg)$$

de manera que la inversa es $\begin{pmatrix} 1 & -2 \\ -3 & 7 \end{pmatrix}$.

Solución 3.14

Hacemos el ejercicio anterior de la misma forma pero usando sólo transformaciones elementales por columnas:

$$\begin{pmatrix} 7 & 2 \\ 3 & 1 \end{pmatrix}\begin{array}{|cc} 1 & 0 \\ 0 & 1 \end{array}\Bigg)\underset{\sim}{C_1^{1/7}}\begin{pmatrix} 1 & 2 \\ 3/7 & 1 \end{pmatrix}\begin{array}{|cc} 1/7 & 0 \\ 0 & 1 \end{array}\Bigg)\underset{\sim}{C_{21}^{-2}}\begin{pmatrix} 1 & 0 \\ 3/7 & 1/7 \end{pmatrix}\begin{array}{|cc} 1/7 & -2/7 \\ 0 & 1 \end{array}\Bigg)$$

$$\underset{\sim}{C_{12}^{-3}}\begin{pmatrix} 1 & 0 \\ 0 & 1/7 \end{pmatrix}\begin{array}{|cc} 1 & -2/7 \\ -3 & 1 \end{array}\Bigg)\underset{\sim}{C_2^{7}}\begin{pmatrix} 1 & 0 \\ 0 & 1 \end{pmatrix}\begin{array}{|cc} 1 & -2 \\ -3 & 7 \end{array}\Bigg),$$

como cabe esperar, aunque el procedimiento sea distinto, la inversa que obtenemos es la misma.

Solución 3.15

$$\begin{pmatrix} 7 & 2 & 1 \\ 3 & 1 & 1 \\ 1 & 1 & 4 \end{pmatrix}\begin{array}{|ccc} 1 & 0 & 0 \\ 0 & 1 & 0 \\ 0 & 0 & 1 \end{array}\Bigg)\underset{\sim}{F_1^{1/7}}\begin{pmatrix} 1 & 2/7 & 1/7 \\ 3 & 1 & 1 \\ 1 & 1 & 4 \end{pmatrix}\begin{array}{|ccc} 1/7 & 0 & 0 \\ 0 & 1 & 0 \\ 0 & 0 & 1 \end{array}\Bigg)$$

$$F_{21}^{-3} \sim \left(\begin{array}{ccc|ccc} 1 & 2/7 & 1/7 & 1/7 & 0 & 0 \\ 0 & 1/7 & 4/7 & -3/7 & 1 & 0 \\ 1 & 1 & 4 & 0 & 0 & 1 \end{array}\right) F_{31}^{-1} \sim \left(\begin{array}{ccc|ccc} 1 & 2/7 & 1/7 & 1/7 & 0 & 0 \\ 0 & 1/7 & 4/7 & -3/7 & 1 & 0 \\ 0 & 5/7 & 27/7 & -1/7 & 0 & 1 \end{array}\right)$$

$$F_{2}^{7} \sim \left(\begin{array}{ccc|ccc} 1 & 2/7 & 1/7 & 1/7 & 0 & 0 \\ 0 & 1 & 4 & -3 & 7 & 0 \\ 0 & 5/7 & 27/7 & -1/7 & 0 & 1 \end{array}\right) F_{32}^{-5/7} \sim \left(\begin{array}{ccc|ccc} 1 & 2/7 & 1/7 & 1/7 & 0 & 0 \\ 0 & 1 & 4 & -3 & 7 & 0 \\ 0 & 0 & 1 & 2 & -5 & 1 \end{array}\right)$$

$$F_{12}^{-2/7} \sim \left(\begin{array}{ccc|ccc} 1 & 0 & -1 & 1 & -2 & 0 \\ 0 & 1 & 4 & -3 & 7 & 0 \\ 0 & 0 & 1 & 2 & -5 & 1 \end{array}\right) F_{13}^{1} \sim \left(\begin{array}{ccc|ccc} 1 & 0 & 0 & 3 & -7 & 1 \\ 0 & 1 & 4 & -3 & 7 & 0 \\ 0 & 0 & 1 & -1/7 & 0 & 1 \end{array}\right)$$

$$F_{23}^{-4} \sim \left(\begin{array}{ccc|ccc} 1 & 0 & 0 & 3 & -7 & 1 \\ 0 & 1 & 0 & -11 & 27 & -4 \\ 0 & 0 & 1 & 2 & -5 & 1 \end{array}\right),$$

con lo que la inversa sería $\left(\begin{array}{ccc} 3 & -7 & 1 \\ -11 & 27 & -4 \\ 2 & -5 & 1 \end{array}\right)$.

Solución 3.16

Hacemos el mismo procedimiento que en el ejercicio anterior, pero sólo con transformaciones elementales por columnas. Nótese que, aunque el procedimiento sea distinto, la inversa a la que lleguemos ha de ser la misma, por unicidad.

$$
\begin{pmatrix}
7 & 2 & 1 & \bigm| & 1 & 0 & 0 \\
3 & 1 & 1 & \bigm| & 0 & 1 & 0 \\
1 & 1 & 4 & \bigm| & 0 & 0 & 1
\end{pmatrix}
\overset{C_1^{1/7}}{\sim}
\begin{pmatrix}
1 & 2 & 1 & \bigm| & 1/7 & 0 & 0 \\
3/7 & 1 & 1 & \bigm| & 0 & 1 & 0 \\
1/7 & 1 & 4 & \bigm| & 0 & 0 & 1
\end{pmatrix}
$$

$$
\overset{C_{21}^{-2}}{\sim}
\begin{pmatrix}
1 & 0 & 1 & \bigm| & 1/7 & -2/7 & 0 \\
3/7 & 1/7 & 1 & \bigm| & 0 & 1 & 0 \\
1/7 & 5/7 & 4 & \bigm| & 0 & 0 & 1
\end{pmatrix}
\overset{C_{31}^{-1}}{\sim}
\begin{pmatrix}
1 & 0 & 0 & \bigm| & 1/7 & -2/7 & -1/7 \\
3/7 & 1/7 & 4/7 & \bigm| & 0 & 1 & 0 \\
1/7 & 5/7 & 27/7 & \bigm| & 0 & 0 & 1
\end{pmatrix}
$$

$$
\overset{C_{12}^{-3}}{\sim}
\begin{pmatrix}
1 & 0 & 0 & \bigm| & 1 & -2/7 & -1/7 \\
0 & 1/7 & 4/7 & \bigm| & -3 & 1 & 0 \\
-2 & 5/7 & 27/7 & \bigm| & 0 & 0 & 1
\end{pmatrix}
\overset{C_2^{7}}{\sim}
\begin{pmatrix}
1 & 0 & 0 & \bigm| & 1 & -2 & -1/7 \\
0 & 1 & 4/7 & \bigm| & -3 & 7 & 0 \\
-2 & 5 & 27/7 & \bigm| & 0 & 0 & 1
\end{pmatrix}
$$

$$
\overset{C_{32}^{-4/7}}{\sim}
\begin{pmatrix}
1 & 0 & 0 & \bigm| & 1 & -2 & 1 \\
0 & 1 & 0 & \bigm| & -3 & 7 & -4 \\
-2 & 5 & 1 & \bigm| & 0 & 0 & 1
\end{pmatrix}
\overset{C_{13}^{2}}{\sim}
\begin{pmatrix}
1 & 0 & 0 & \bigm| & 3 & -2 & 1 \\
0 & 1 & 0 & \bigm| & -11 & 7 & -4 \\
0 & 5 & 1 & \bigm| & 2 & 0 & 1
\end{pmatrix}
\overset{C_{23}^{-5}}{\sim}
$$

$$
\begin{pmatrix}
1 & 0 & 0 & \bigm| & 3 & -7 & 1 \\
0 & 1 & 0 & \bigm| & -11 & 27 & -4 \\
0 & 0 & 1 & \bigm| & 2 & -5 & 1
\end{pmatrix}.
$$

Solución 3.17

Recordamos que para calcular la inversa de una matriz cuadrada A por determinantes hay que tener en cuenta la siguiente expresión

$$
A^{-1} = \frac{1}{|A|} \operatorname{adj}(A^T),
$$

donde $|A|$ denota el determinante de A, A^T, la matriz traspuesta y $\operatorname{adj}(A)$, la matriz adjunta. Para la matriz del ejercicio 12, $A := \begin{pmatrix} 7 & 2 \\ 3 & 1 \end{pmatrix}$, tenemos que $|A| = 1$, $A^T = \begin{pmatrix} 7 & 3 \\ 2 & 1 \end{pmatrix}$, de modo que

$$
A^{-1} = \frac{1}{|A|} \operatorname{adj}(A^T) = \begin{pmatrix} 1 & -2 \\ -3 & 7 \end{pmatrix}.
$$

Denotamos por B a la matriz del ejercicio 14

$$B = \begin{pmatrix} 7 & 2 & 1 \\ 3 & 1 & 1 \\ 1 & 1 & 4 \end{pmatrix}.$$

Así, $|B| = 74 + 2 + 3 - (1 + 64 + 7) = 1$,

$$B^T = \begin{pmatrix} 7 & 3 & 1 \\ 2 & 1 & 1 \\ 1 & 1 & 4 \end{pmatrix} \Rightarrow \text{adj}(B^T) = \begin{pmatrix} 3 & -7 & 1 \\ -11 & 27 & -4 \\ 2 & -5 & 1 \end{pmatrix}.$$

Solución 3.18

Cualesquiera dos matrices que cumplan las hipótesis del enunciado, el determinante del producto será 0. Por ejemplo,

$$\underbrace{\begin{pmatrix} 1 \\ 2 \end{pmatrix}}_{A} \underbrace{\begin{pmatrix} 3 & 1 \end{pmatrix}}_{B} = \begin{pmatrix} 3 & 1 \\ 6 & 2 \end{pmatrix},$$

comprobamos $\det(AB) = 0$. Otro ejemplo de dimensión mayor,

$$\begin{pmatrix} 1 & 2 \\ 3 & 4 \\ 5 & 6 \end{pmatrix} \begin{pmatrix} 1 & 2 & 1 \\ 3 & 0 & 1 \end{pmatrix} = \begin{pmatrix} 7 & 2 & 3 \\ 15 & 6 & 7 \\ 23 & 10 & 11 \end{pmatrix} \Rightarrow \begin{vmatrix} 7 & 2 & 3 \\ 15 & 6 & 7 \\ 23 & 10 & 11 \end{vmatrix} = 0.$$

Veamos por qué es ésto:

Sean $A \in \mathcal{M}_{m \times n}, B \in \mathcal{M}_{n \times m}$, con $m > n$. Observamos que el producto AB está bien definido y, además, será una matriz de tamaño $m \times m$.

Por otra parte, en los temas posteriores de teoría, se verá que las matrices representan aplicaciones lineales entre espacios vectoriales, por ejemplo, $B : \mathbb{R}^m \longrightarrow \mathbb{R}^n$. En particular, el producto de matrices representa la composición de estas aplicaciones. Luego, para que el determinante del producto AB sea no nulo, la aplicación que se obtiene de componerlas ha de ser invertible, pero, para ésto, es necesario que la primera que se aplique en la composición

ha de ser inyectiva. Sin embargo, si $B : \mathbb{R}^m \longrightarrow \mathbb{R}^n$, con $m > n$ no va a poder ser nunca inyectiva, ya que va de un espacio de dimensión m a otro de dimensión menor.

Solución 3.19

Para facilitar la lectura, usaremos la misma notación que para transformaciones elementales.

1.

$$\begin{vmatrix} 1 & 2 & 3 \\ 3 & 4 & 0 \\ 2 & -1 & -1 \end{vmatrix} \overset{F_3^{-1}}{=} - \begin{vmatrix} 1 & 2 & 3 \\ 3 & 4 & 0 \\ -2 & 1 & 1 \end{vmatrix} \overset{F_{13}^{-3}}{=} - \begin{vmatrix} 7 & -1 & 0 \\ 3 & 4 & 0 \\ -2 & 1 & 1 \end{vmatrix}$$

$$\overset{\text{des.}3^aC}{=} -1 \begin{vmatrix} 7 & -1 \\ 3 & 4 \end{vmatrix} = -1(28+3) = -31.$$

2.

$$\begin{vmatrix} 1 & 2 & 4 \\ 5 & -11 & 26 \\ -2 & -3 & 5 \end{vmatrix} \overset{C_{21}^{-2}}{=} \begin{vmatrix} 1 & 0 & 4 \\ 5 & -21 & 26 \\ -2 & 1 & 5 \end{vmatrix} \overset{C_{31}^{-4}}{=} \begin{vmatrix} 1 & 0 & 0 \\ 5 & -21 & 6 \\ -2 & 1 & 13 \end{vmatrix}$$

$$\overset{\text{des.}1^aF}{=} 1 \begin{vmatrix} -21 & 6 \\ 1 & 13 \end{vmatrix} = -21 \cdot 13 - 6 = -279.$$

3.

$$\begin{vmatrix} -4 & -2 & 0 & 0 \\ 2 & 4 & 1 & 0 \\ -6 & 0 & 2 & -3 \\ -1 & 0 & 0 & 1 \end{vmatrix} \overset{C_{14}^1}{=} \begin{vmatrix} -4 & -2 & 0 & 0 \\ 2 & 4 & 1 & 0 \\ -9 & 0 & 2 & -3 \\ 0 & 0 & 0 & 1 \end{vmatrix} \overset{\text{des.}4^aF}{=} 1 \cdot \begin{vmatrix} -4 & -2 & 0 \\ 2 & 4 & 1 \\ -9 & 0 & 2 \end{vmatrix} = -2 \begin{vmatrix} 2 & 1 & 0 \\ 2 & 4 & 1 \\ -9 & 0 & 2 \end{vmatrix}$$

$$\overset{C_{12}^{-2}}{=} -2 \begin{vmatrix} 0 & 1 & 0 \\ -6 & 4 & 1 \\ -9 & 0 & 2 \end{vmatrix} \overset{\text{des.}1^aF}{=} -2(-1) \cdot \begin{vmatrix} -6 & 1 \\ -9 & 2 \end{vmatrix} = -6(4-3) = -6.$$

4.

$$\begin{vmatrix} 3 & -2 & -4 & 0 \\ 0 & 4 & 2 & 0 \\ 0 & 0 & -6 & -3 \\ 3 & 0 & -1 & -1 \end{vmatrix} = 3 \begin{vmatrix} 1 & -2 & -4 & 0 \\ 0 & 4 & 2 & 0 \\ 0 & 0 & -6 & -3 \\ 1 & 0 & -1 & -1 \end{vmatrix} \overset{F_{41}^{-1}}{=} 3 \begin{vmatrix} 1 & -2 & -4 & 0 \\ 0 & 4 & 2 & 0 \\ 0 & 0 & -6 & -3 \\ 0 & 2 & 3 & -1 \end{vmatrix}$$

$$\overset{\text{des.1ªC}}{=} 3 \begin{vmatrix} 4 & 2 & 0 \\ 0 & -6 & -3 \\ 2 & 3 & -1 \end{vmatrix} = 32(-3) \begin{vmatrix} 2 & 1 & 0 \\ 0 & 2 & 1 \\ 2 & 3 & -1 \end{vmatrix} \overset{F_{31}^{1}}{=} -18 \begin{vmatrix} 2 & 1 & 0 \\ 0 & 2 & 1 \\ 2 & 5 & 0 \end{vmatrix}$$

$$\overset{\text{des.3ªC}}{=} 18 \begin{vmatrix} 2 & 1 \\ 2 & 5 \end{vmatrix} = 18(10 - 2) = 144.$$

5.

$$\begin{vmatrix} 3 & -2 & 1 & 0 \\ 0 & -2 & 1 & 0 \\ 0 & 6 & 2 & -3 \\ 3 & 1 & 0 & 1 \end{vmatrix} = 3 \begin{vmatrix} 1 & -2 & 1 & 0 \\ 0 & -2 & 1 & 0 \\ 0 & 6 & 2 & -3 \\ 1 & 1 & 0 & 1 \end{vmatrix} \overset{F_{31}^{-1}}{=} 3 \begin{vmatrix} 1 & -2 & 1 & 0 \\ 0 & -2 & 1 & 0 \\ 0 & 6 & 2 & -3 \\ 0 & 3 & -1 & 1 \end{vmatrix} \overset{\text{des.1ªC}}{=} 3 \begin{vmatrix} -2 & 1 & 0 \\ 6 & 2 & -3 \\ 3 & -1 & 1 \end{vmatrix}$$

$$\overset{C_{12}^{2}}{=} 3 \begin{vmatrix} 0 & 1 & 0 \\ 10 & 2 & -3 \\ 1 & -1 & 1 \end{vmatrix} \overset{\text{des.1ªF}}{=} -3 \begin{vmatrix} 10 & -3 \\ 1 & 1 \end{vmatrix} = -3(10 + 3) = -39.$$

6.

$$
\begin{vmatrix} 1 & 2 & 3 & 4 & 5 \\ 0 & 1 & 0 & 0 & -1 \\ 1 & 0 & -2 & 1 & 0 \\ 2 & -1 & 3 & 0 & -1 \\ 0 & 1 & 2 & -1 & 0 \end{vmatrix} \overset{C^1_{52}}{=} \begin{vmatrix} 1 & 2 & 3 & 4 & 7 \\ 0 & 1 & 0 & 0 & 0 \\ 1 & 0 & -2 & 1 & 0 \\ 2 & -1 & 3 & 0 & 0 \\ 0 & 1 & 2 & -1 & 1 \end{vmatrix} \overset{\text{des.2ªF}}{=} \begin{vmatrix} 1 & 3 & 4 & 7 \\ 1 & -2 & 1 & 0 \\ 2 & 3 & 0 & 0 \\ 0 & 2 & -1 & 1 \end{vmatrix}
$$

$$
\overset{F^{-7}_{14}}{=} \begin{vmatrix} 1 & -11 & 11 & 0 \\ 1 & -2 & 1 & 0 \\ 2 & 3 & 0 & 0 \\ 0 & 2 & -1 & 1 \end{vmatrix} \overset{\text{des.4ªC}}{=} \begin{vmatrix} 1 & -11 & 11 \\ 1 & -2 & 1 \\ 2 & 3 & 0 \end{vmatrix}
$$

$$
\overset{F^{-11}_{12}}{=} \begin{vmatrix} -10 & -11 & 0 \\ 1 & -2 & 1 \\ 2 & 3 & 0 \end{vmatrix} \overset{\text{des.3ªC}}{=} - \begin{vmatrix} -10 & 11 \\ 2 & 3 \end{vmatrix} = -(-30 - 22) = 52.
$$

Solución 3.20

Siguiendo las indicaciones del enunciado

$$
\begin{vmatrix} a^2 & ab & b^2 \\ 2a & a+b & 2b \\ 1 & 1 & 1 \end{vmatrix} = \begin{vmatrix} a^2 - ab & ab & b^2 \\ a - b & a+b & 2b \\ 0 & 1 & 1 \end{vmatrix} = \begin{vmatrix} a^2 - ab & ab - b^2 & b^2 \\ a - b & a - b & 2b \\ 0 & 0 & 1 \end{vmatrix} = (a-b)^2 \begin{vmatrix} a & ab & b^2 \\ 1 & 1 & 2b \\ 0 & 0 & 1 \end{vmatrix}
$$

$$
= (a-b)^2 \begin{vmatrix} a & b \\ 1 & 1 \end{vmatrix} = (a-b)^3 \checkmark
$$

Solución 3.21

a) $\begin{vmatrix} x & y \\ -b & a \end{vmatrix} = xa + by.$

b)

$$\begin{vmatrix} x & y & 1 \\ 4 & -1 & 1 \\ 3 & 2 & 1 \end{vmatrix} \underset{=}{F_{23}^{-1}} \begin{vmatrix} x & y & 1 \\ 1 & -3 & 0 \\ 3 & 2 & 1 \end{vmatrix} \underset{=}{F_{31}^{-1}} \begin{vmatrix} x & y & 1 \\ 1 & -3 & 0 \\ 3-x & 2-y & 0 \end{vmatrix} \underset{=}{\text{des.3}^a\text{C}} \begin{vmatrix} 1 & -3 \\ 3-x & 2-y \end{vmatrix}$$

$$= 2 - y + 3(3-x) = 11 - y - 3x.$$

c)

$$\begin{vmatrix} xy & x+y & 1 \\ 6 & 5 & 1 \\ -2 & -1 & 1 \end{vmatrix} \underset{=}{F_{13}^{-1}} \begin{vmatrix} xy+2 & x+y+1 & 0 \\ 6 & 5 & 1 \\ -2 & -1 & 1 \end{vmatrix} \underset{=}{F_{23}^{-1}} \begin{vmatrix} xy+2 & x+y+1 & 0 \\ 8 & 6 & 0 \\ -2 & -1 & 1 \end{vmatrix}$$

$$\underset{=}{\text{des.3}^a\text{C}} \begin{vmatrix} xy+2 & x+y+1 \\ 8 & 6 \end{vmatrix} = 2 \begin{vmatrix} xy+2 & x+y+1 \\ 4 & 3 \end{vmatrix}$$

$$= 2(3xy + 6 - 4(x+y+1)) = 6xy + 4 - 8x - 8y.$$

d)

$$\begin{vmatrix} x & y & 1 \\ a & 0 & 1 \\ 0 & b & 1 \end{vmatrix} \underset{=}{F_{23}^{-1}} \begin{vmatrix} x & y & 1 \\ a & -b & 0 \\ 0 & b & 1 \end{vmatrix} \underset{=}{F_{31}^{-1}} \begin{vmatrix} x & y & 1 \\ a & -b & 0 \\ -x & b-y & 0 \end{vmatrix} \underset{=}{\text{des.3}^a\text{C}} \begin{vmatrix} a & -b \\ -x & b-y \end{vmatrix} = a(b-y) - xb.$$

e)

$$\begin{vmatrix} x & y & z & 1 \\ 2 & 0 & 0 & 1 \\ 0 & -1 & 0 & 1 \\ 0 & 0 & 3 & 1 \end{vmatrix} \underset{=}{C_{14}^{-2}} \begin{vmatrix} x-2 & y & z & 1 \\ 0 & 0 & 0 & 1 \\ -2 & -1 & 0 & 1 \\ -2 & 0 & 3 & 1 \end{vmatrix} \underset{=}{\text{des.2}^a\text{F}} \begin{vmatrix} x-2 & y & z \\ -2 & -1 & 0 \\ -2 & 0 & 3 \end{vmatrix}$$

$$= -3(x-2) - (2z - 6y) = -3x + 6 - 2z + 6y.$$

$f)$

$$
\begin{vmatrix} xy & x & y & 1 \\ 0 & 0 & -2 & 1 \\ 0 & 1 & 0 & 1 \\ 4/3 & 2 & 2/3 & 1 \end{vmatrix} \underset{=}{C_{42}^{-1}} \begin{vmatrix} xy & x & y & 1-x \\ 0 & 0 & -2 & 1 \\ 0 & 1 & 0 & 0 \\ 4/3 & 2 & 2/3 & -1 \end{vmatrix} \underset{=}{\text{des.3ªF}} - \begin{vmatrix} xy & y & 1-x \\ 0 & -2 & 1 \\ 4/3 & 2/3 & -1 \end{vmatrix}
$$

$$
\underset{=}{C_{23}^{2}} - \begin{vmatrix} xy & 2(1-x)+y & 1-x \\ 0 & 0 & 1 \\ 4/3 & -4/3 & -1 \end{vmatrix} \underset{=}{\text{des.2ªF}} \begin{vmatrix} xy & 2(1-x)+y \\ 4/3 & -4/3 \end{vmatrix}
$$

$$
= -\frac{4}{3}xy - \frac{4}{3}(2-2x+y) = -\frac{4}{3}(xy+2-2x+y).
$$

$g)$

$$
\begin{vmatrix} x^2+y^2 & x & y & 1 \\ 0 & 0 & 0 & 1 \\ 4 & 2 & 0 & 1 \\ 9 & 0 & 3 & 1 \end{vmatrix} \underset{=}{\text{des.2ªF}} \begin{vmatrix} x^2+y^2 & x & y \\ 4 & 2 & 0 \\ 9 & 0 & 3 \end{vmatrix} = 6 \begin{vmatrix} x^2+y^2 & x & y \\ 2 & 1 & 0 \\ 3 & 0 & 1 \end{vmatrix}
$$

$$
\underset{=}{C_{12}^{-2}} 6 \begin{vmatrix} x^2+y^2-2x & x & y \\ 0 & 1 & 0 \\ 3 & 0 & 1 \end{vmatrix} \underset{=}{\text{des.2ªF}} 6 \begin{vmatrix} x^2+y^2-2x & y \\ 3 & 1 \end{vmatrix}
$$

$$
= 6(x^2+y^2-2x-3y).
$$

Solución 3.22

$a)$ Mediante la regla de Sarrus, llegamos a que el determinante de A es $|A| = x - 2$, por tanto
$|A| = 1 \iff x - 2 = 1 \iff x = 3$.

$b)$ Para $x = 3$, comprobamos la definición de inversa, es decir, $A \cdot A^{-1} = I$:

$$
\begin{pmatrix} 3 & 1 & 2 \\ 1 & 2 & 1 \\ 1 & 1 & 1 \end{pmatrix} \begin{pmatrix} 1 & 1 & -3 \\ 0 & 1 & -1 \\ -1 & -2 & 5 \end{pmatrix} = \begin{pmatrix} 1 & 0 & 0 \\ 0 & 1 & 0 \\ 0 & 0 & 1 \end{pmatrix}.
$$

c) Para las ecuaciones correspondientes, basta con hacer el producto de $A \cdot X$ (siendo X un vector columna) e igualar término a término con los elementos de B, es decir, nos quedarían las ecuaciones que forman el siguiente sistema

$$\begin{cases} 3x + y + 2z = a \\ x + 2y + z = b \\ x + y + z = c. \end{cases}$$

d) Por último, para resolver el sistema, ya que tenemos calculada la matriz inversa, podemos aplicar ésta a la ecuación matricial $AX = B$, multiplicando por la izquierda de esta ecuación por A^{-1}, con lo que nos quedaría

$$\underbrace{A^{-1}A}_{I}X = A^{-1}B \iff X = A^{-1}B = \begin{pmatrix} 1 & 1 & -3 \\ 0 & 1 & -1 \\ -1 & -2 & 5 \end{pmatrix}\begin{pmatrix} a \\ b \\ c \end{pmatrix} \Rightarrow \begin{cases} x = a + b - 3c \\ y = b - c \\ z = -a - 2b + 5c. \end{cases}$$

Solución 3.23

$$\begin{vmatrix} x^2 & xy & y^2 & x & y & 1 \\ 0 & 0 & 0 & 0 & 0 & 1 \\ 0 & 0 & 1 & 0 & -1 & 1 \\ 1 & 0 & 0 & 1 & 0 & 1 \\ 4 & -2 & 1 & 2 & -1 & 1 \\ 1 & 4 & 16 & 1 & -4 & 1 \end{vmatrix} \overset{\text{des.2ªF}}{=} \begin{vmatrix} x^2 & xy & y^2 & x & y \\ 0 & 0 & 1 & 0 & -1 \\ 1 & 0 & 0 & 1 & 0 \\ 4 & -2 & 1 & 2 & -1 \\ 1 & 4 & 16 & 1 & -4 \end{vmatrix} \overset{C^1_{53}}{=} \begin{vmatrix} x^2 & xy & y^2 & x & y^2+y \\ 0 & 0 & 1 & 0 & 0 \\ 1 & 0 & 0 & 1 & 0 \\ 4 & -2 & 1 & 2 & 0 \\ 1 & 4 & 16 & 1 & 12 \end{vmatrix}$$

$$\overset{\text{des.2ªF}}{=} - \begin{vmatrix} x^2 & xy & x & y^2+y \\ 1 & 0 & 1 & 0 \\ 4 & -2 & 2 & 0 \\ 1 & 4 & 1 & 12 \end{vmatrix} = -2 \begin{vmatrix} x^2 & xy & x & y^2+y \\ 1 & 0 & 1 & 0 \\ 2 & -1 & 1 & 0 \\ 1 & 4 & 1 & 12 \end{vmatrix}$$

$$\overset{C^{-1}_{31}}{=} -2 \begin{vmatrix} x^2 & xy & x-x^2 & y^2+y \\ 1 & 0 & 0 & 0 \\ 2 & -1 & -1 & 0 \\ 1 & 4 & 0 & 12 \end{vmatrix} \overset{\text{des.2ªF}}{=} 2 \begin{vmatrix} xy & x-x^2 & y^2+y \\ -1 & -1 & 0 \\ 4 & 0 & 12 \end{vmatrix}$$

$$= -8 \begin{vmatrix} xy & x-x^2 & y^2+y \\ 1 & 1 & 0 \\ 1 & 0 & 3 \end{vmatrix} = -8(3xy - (y+y^2+3(x-x^2)))$$

$$= -24x^2 - 24xy + 8y^2 + 8y + 24x.$$

Solución 3.24

Si seguimos las indicaciones del ejercicio tenemos:

$$
\begin{vmatrix} 0 & a & a & a \\ a & 0 & a & a \\ a & a & 0 & a \\ a & a & a & 0 \end{vmatrix} = \begin{vmatrix} 3a & a & a & a \\ 3a & 0 & a & a \\ 3a & a & 0 & a \\ 3a & a & a & 0 \end{vmatrix} = 3 \begin{vmatrix} a & a & a & a \\ a & 0 & a & a \\ a & a & 0 & a \\ a & a & a & 0 \end{vmatrix} = 3 \begin{vmatrix} a & 0 & 0 & 0 \\ a & -a & 0 & 0 \\ a & 0 & -a & 0 \\ a & 0 & 0 & -a \end{vmatrix}
$$

$$
\overset{\text{des.1}^a\text{F}}{=} 3a \begin{vmatrix} -a & 0 & 0 \\ 0 & -a & 0 \\ 0 & 0 & -a \end{vmatrix} = -3a^4 .
$$

Solución 3.25

Desarrollaremos el determinante usando determinantes de orden menor para que el polinomio que define la ecuación a resolver lo obtengamos ya factorizado. Comparando con el ejercicio anterior, observamos que ambos cumplen la siguiente particularidad: todas las líneas suman lo mismo, por lo que seguiremos unas indicaciones análogas a las del enunciado anterior, es decir, sumando todas las columnas a la primera, nos quedaría

$$
\begin{vmatrix} 1 & x & x & x \\ x & 1 & x & x \\ x & x & 1 & x \\ x & x & x & 1 \end{vmatrix} = \begin{vmatrix} 1+3x & x & x & x \\ 1+3x & 1 & x & x \\ 1+3x & x & 1 & x \\ 1+3x & x & x & 1 \end{vmatrix} ,
$$

sacando factor común $(1 + 3x)$ y restando la primera fila a las demás,

$$
(1+3x) \begin{vmatrix} 1 & x & x & x \\ 0 & 1-x & 0 & 0 \\ 0 & 0 & 1-x & 0 \\ 0 & 0 & 0 & 1-x \end{vmatrix} \overset{\text{des.1}^a\text{C}}{=} (1+3x) \begin{vmatrix} 1-x & 0 & 0 \\ 0 & 1-x & 0 \\ 0 & 0 & 1-x \end{vmatrix} = (1+3x)(1-x)^3 ,
$$

por lo que las soluciones a la ecuación (3.1) son $x = 1$ (triple) y $x = -\frac{1}{3}$.

Solución 3.26

Observando el determinante, vemos que la segunda columna es susceptible de ser por la que desarrollemos, por lo que comenzamos sacando factor común 8 y anulamos los elementos de dicha columna salvo uno:

$$
\begin{vmatrix}
3+7i & 0 & -4 & 1 & 7 \\
-2+3i & 8 & 1 & 0 & -5 \\
-2 & 8 & 0 & 6 & -5 \\
1+10i & 8 & -3 & 1 & 2 \\
3i & 0 & 1 & -6 & 0
\end{vmatrix} =
$$

$$
= 8
\begin{vmatrix}
3+7i & 0 & -4 & 1 & 7 \\
-2+3i & 1 & 1 & 0 & -5 \\
-2 & 1 & 0 & 6 & -5 \\
1+10i & 1 & -3 & 1 & 2 \\
3i & 0 & 1 & -6 & 0
\end{vmatrix}
\overset{F_{32}^{-1}}{\underset{F_{42}^{-1}}{=}}
8
\begin{vmatrix}
3+7i & 0 & -4 & 1 & 7 \\
-2+3i & 1 & 1 & 0 & -5 \\
3i & 0 & -1 & 6 & -0 \\
3+7i & 0 & -4 & 1 & 7 \\
3i & 0 & 1 & -6 & 0
\end{vmatrix} = 0,
$$

donde en la última igualdad hemos usado la propiedad de los determinantes que dice que es nulo siempre que haya dos líneas iguales, en nuestro caso, la primera fila y la cuarta.

Solución 3.27

Vamos a calcular el siguiente determinante:

$$
\begin{vmatrix}
\overline{1} & \overline{2} & \overline{3} & \overline{4} \\
\overline{5} & \overline{6} & \overline{1} & \overline{2} \\
\overline{3} & \overline{4} & \overline{5} & \overline{6} \\
\overline{4} & \overline{3} & \overline{2} & \overline{1}
\end{vmatrix}
\overset{F_{12}^2}{=}
\begin{vmatrix}
\overline{1} & \overline{2} & \overline{3} & \overline{4} \\
\overline{0} & \overline{3} & \overline{0} & \overline{0} \\
\overline{3} & \overline{4} & \overline{5} & \overline{6} \\
\overline{4} & \overline{3} & \overline{2} & \overline{1}
\end{vmatrix}
= \overline{3}
\begin{vmatrix}
\overline{1} & \overline{2} & \overline{3} & \overline{4} \\
\overline{0} & \overline{1} & \overline{0} & \overline{0} \\
\overline{3} & \overline{4} & \overline{5} & \overline{6} \\
\overline{4} & \overline{3} & \overline{2} & \overline{1}
\end{vmatrix}
\overset{\text{des.}2^a\text{F}}{=} \overline{3}
\begin{vmatrix}
\overline{1} & \overline{3} & \overline{4} \\
\overline{3} & \overline{5} & \overline{6} \\
\overline{4} & \overline{2} & \overline{1}
\end{vmatrix}
\overset{F_{21}^4}{\underset{F_{31}^3}{=}} \overline{3}
\begin{vmatrix}
\overline{1} & \overline{3} & \overline{4} \\
\overline{0} & \overline{3} & \overline{1} \\
\overline{0} & \overline{4} & \overline{6}
\end{vmatrix}
$$

$$
\overset{\text{des.}1^a\text{C}}{=} \overline{3}
\begin{vmatrix}
\overline{3} & \overline{1} \\
\overline{4} & \overline{6}
\end{vmatrix}
= \overline{3}(\overline{4} - \overline{4}) = 0.
$$

Haciendo el mismo determinante por otro procedimiento, observamos que podemos obtener dos líneas iguales mediante la siguiente transformación:

$$
\begin{vmatrix}
\bar{1} & \bar{2} & \bar{3} & \bar{4} \\
\bar{5} & \bar{6} & \bar{1} & \bar{2} \\
\bar{3} & \bar{4} & \bar{5} & \bar{6} \\
\bar{4} & \bar{3} & \bar{2} & \bar{1}
\end{vmatrix}
\begin{array}{c} C_{14}^1 \\ \overline{} \\ C_{23}^1 \end{array}
\begin{vmatrix}
\bar{5} & \bar{5} & \bar{3} & \bar{4} \\
\bar{7} & \bar{7} & \bar{1} & \bar{2} \\
\bar{2} & \bar{2} & \bar{5} & \bar{6} \\
\bar{5} & \bar{5} & \bar{2} & \bar{1}
\end{vmatrix} = 0.
$$

Solución 3.28

Sea n un natural mayor o igual que 3. El lector ha de notar que la ecuación $D_n = a_n D_{n-1} + D_{n-2}$ es una identidad númerica, y no matricial; podemos intuir que la demostración se basará en usar las propiedades de los determinantes para desarrollar en la última fila por a_n, es decir,

$$
D_n =
\begin{vmatrix}
a_1 & 1 & 0 & 0 & \cdots & 0 & 0 & 0 \\
-1 & a_2 & 1 & 0 & \cdots & 0 & 0 & 0 \\
0 & -1 & a_3 & 1 & \cdots & 0 & 0 & 0 \\
\vdots & \vdots & \vdots & \vdots & \ddots & \vdots & \vdots & \vdots \\
0 & 0 & 0 & 0 & \cdots & a_{n-2} & 1 & 0 \\
0 & 0 & 0 & 0 & \cdots & -1 & a_{n-1} & 1 \\
0 & 0 & 0 & 0 & \cdots & 0 & -1 & a_n
\end{vmatrix}
$$

$$
= a_n
\underbrace{
\begin{vmatrix}
a_1 & 1 & 0 & 0 & \cdots & 0 & 0 \\
-1 & a_2 & 1 & 0 & \cdots & 0 & 0 \\
0 & -1 & a_3 & 1 & \cdots & 0 & 0 \\
\vdots & \vdots & \vdots & \vdots & \ddots & \vdots & \vdots \\
0 & 0 & 0 & 0 & \cdots & a_{n-2} & 1 \\
0 & 0 & 0 & 0 & \cdots & -1 & a_{n-1}
\end{vmatrix}
}_{D_{n-1}}
- (-1)
\underbrace{
\begin{vmatrix}
a_1 & 1 & 0 & 0 & \cdots & 0 & 0 \\
-1 & a_2 & 1 & 0 & \cdots & 0 & 0 \\
0 & -1 & a_3 & 1 & \cdots & 0 & 0 \\
\vdots & \vdots & \vdots & \vdots & \ddots & \vdots & \vdots \\
0 & 0 & 0 & 0 & \cdots & a_{n-2} & 0 \\
0 & 0 & 0 & 0 & \cdots & -1 & 1
\end{vmatrix}
}_{(*)},
$$

donde el primer sumando es claramente D_{n-1} y el segundo es D_{n-2}: en efecto, si en $(*)$ sumamos a la penúltima columna la última, cuyos elementos son nulos salvo el 1 del final, y desarrollamos por la última columna, nos queda la expresión de D_{n-2}, con lo que la igualdad

del ejercicio quedaría demostrada.

Solución 3.29

Para resolver este ejercicio, vamos a ir descomponiendo los determinantes en sumas (usando las propiedades de éstos) fijándonos en los elementos de la diagonal, es decir,

$$
\begin{vmatrix} a+x & x & x & x \\ x & b+x & x & x \\ x & x & c+x & x \\ x & x & x & d+x \end{vmatrix} = \underbrace{\begin{vmatrix} x & x & x & x \\ x & b+x & x & x \\ x & x & c+x & x \\ x & x & x & d+x \end{vmatrix}}_{(1)} + \underbrace{\begin{vmatrix} a & x & x & x \\ 0 & b+x & x & x \\ 0 & x & c+x & x \\ 0 & x & x & d+x \end{vmatrix}}_{(2)},
$$

desarrollamos primero (1); para ello, le restamos a la segunda fila la primera, haciendo tres ceros para desarrollar por ésta línea:

$$
(1) = \begin{vmatrix} x & x & x & x \\ 0 & b & 0 & 0 \\ x & x & c+x & x \\ x & x & x & d+x \end{vmatrix} = b \begin{vmatrix} x & x & x \\ x & c+x & x \\ x & x & d+x \end{vmatrix} \overset{F_{21}^{-1}}{=} b \begin{vmatrix} x & x & x \\ 0 & c & 0 \\ x & x & d+x \end{vmatrix}
$$

$$
\overset{\text{des.2}^{a}\text{F}}{=} bc \begin{vmatrix} x & x \\ x & d+x \end{vmatrix} = bc(x(d+x) - x^2) = bcxd.
$$

Para ver lo que vale (2), desarrollamos el determinante por la primera columna, de manera que nos queda un determinante del mismo tipo que el del enunciado pero de rango inmediatamente inferior, así que repetimos el proceso hasta que sea necesario:

$$
(2) = a \begin{vmatrix} b+x & x & x \\ x & c+x & x \\ x & x & d+x \end{vmatrix} = a \underbrace{\begin{vmatrix} x & x & x \\ x & c+x & x \\ x & x & d+x \end{vmatrix}}_{(3)} + a \underbrace{\begin{vmatrix} b & x & x \\ 0 & c+x & x \\ 0 & x & d+x \end{vmatrix}}_{(4)},
$$

Por una parte, tenemos

$$(3) = \begin{vmatrix} x & x & x \\ 0 & c & 0 \\ x & x & d+x \end{vmatrix} = c \begin{vmatrix} x & x \\ x & d+x \end{vmatrix} = c(x(d+x) - x^2) = cxd,$$

por otra parte,

$$(4) = b \begin{vmatrix} c+x & x \\ x & d+x \end{vmatrix} = b((c+x)(d+x) - x^2) = bcd + bcx + bxd.$$

Juntando todo, tenemos que las soluciones de la ecuación (3.2) son de la forma

$$x = -\frac{abcd}{bcd + acd + abc + abd}.$$

Solución 3.30

Desarrollando por la primera columna:

$$\begin{vmatrix} a_0 & a_1 & a_2 & \cdots & a_{n-1} & a_n \\ -1 & x & 0 & \cdots & 0 & 0 \\ 0 & -1 & x & \cdots & 0 & 0 \\ \vdots & \vdots & \vdots & \ddots & \vdots & \vdots \\ 0 & 0 & 0 & \cdots & -1 & x \end{vmatrix} =$$

$$= a_0 \underbrace{\begin{vmatrix} x & 0 & \cdots & 0 & 0 \\ -1 & x & \cdots & 0 & 0 \\ \vdots & \vdots & \ddots & \vdots & \vdots \\ 0 & 0 & \cdots & -1 & x \end{vmatrix}}_{(1)} + \underbrace{\begin{vmatrix} a_1 & a_2 & a_3 \cdots & a_{n-1} & a_n \\ -1 & x & 0 & \cdots & 0 & 0 \\ 0 & -1 & x & \cdots & 0 & 0 \\ \vdots & \vdots & \vdots & \ddots & \vdots & \vdots \\ 0 & 0 & 0 & \cdots & -1 & x \end{vmatrix}}_{(2)},$$

donde en (1) nos queda un determinante de una matriz triangular inferior de tamaño n cuya diagonal está formada enteramente por x, es decir, $(1) = x^n$, mientras que en (2) podemos volver a repetir el proceso realizado con a_0, de manera que nos quedará $a_{n-1}x^{n-1}$ con un

sumando al que volver a repetir este proceso en a_{n-2}. Dado que este proceso es finito, llegamos a lo que queríamos demostrar.

B.2. Ejercicios del Capítulo 4

Solución 4.1

Consideramos una solución general prefijada $(x_0, y_0, z_0) \in \mathbb{R}^3$. Para dar un sistema, escribimos unos coeficientes (en función del tipo de sistema que queremos que nos quede) y luego, el vector independiente $b = (b_1, b_2, b_3)^1$, siendo b_1, b_2, b_3 los correspondientes números que nos interesen. En el primer caso,

$$\begin{cases} x + y + z = x_0 + y_0 + z_0, \\ x - y + 2z = x_0 - y_0 + 2z_0, \\ x + 2y - 3z = x_0 + 2y_0 - 3z_0. \end{cases}$$

En el sistema anterior, $b_1 = x_0 + y_0 + z_0$, $b_2 = x_0 - y_0 + 2z_0$, $b_3 = x_0 + 2y_0 - 3z_0$. Se comprueba que el rango de la matriz de coeficientes correspondiente al sistema anterior es 3, por lo que tendremos un sistema compatible determinado.

Para que sea indeterminado, necesitamos que el rango de la matriz de coeficientes sea menor que el número de incógnitas. Para ello, escribimos una o dos ecuaciones (al igual que en el proceso anterior) y el resto de tal forma que sean combinación lineal de las primeras.

$$\begin{cases} x + y - z = x_0 + y_0 - z_0, \\ x - y + z = x_0 - y_0 + z_0, \\ 2x = 2x_0. \end{cases}$$

Para el caso incompatible, lo que necesitamos es que la última columna (la correspondiente a b) añada rango, es decir, que la matriz ampliada tenga rango tres (o dos en caso de que la matriz de coeficientes tenga rango uno).

---

[1]El vector b realmente se considera como un vector columna cuando se escribe en forma matricial, aunque no haremos distinción entre él y el vector transpuesto a lo largo de estos ejercicios.

$$\begin{cases} x + y - z = x_0 + y_0 - z_0, \\ x - y + z = x_0 - y_0 + z_0, \\ 2x = 2x_0 + y_0. \end{cases}$$

En este caso, sabemos de manera implícita que $(x_0, y_0, z_0) \neq (0,0,0)$, ya que los sistemas homogéneos siempre son compatibles.

Solución 4.2

Consideramos un sistema de ecuaciones lineales arbitrario

$$(s) := \begin{cases} a_{11}x_1 + a_{12}x_2 + \cdots + a_{1n}x_n = b_1 \\ a_{21}x_1 + a_{22}x_2 + \cdots + a_{2n}x_n = b_2 \\ \qquad\qquad \vdots \qquad\qquad\qquad \vdots \\ a_{n1}x_1 + a_{n2}x_2 + \cdots + a_{nn}x_n = b_n \end{cases}$$

y dos soluciones del sistema

$$(\overline{x_1}, \overline{x_2}, \ldots, \overline{x_n}) \text{ y } (\widehat{x_1}, \widehat{x_2}, \ldots, \widehat{x_n}).$$

Nótese que el sistema ha de ser indeterminado para poder considerar dos soluciones distintas, de manera que la diferencia no sea 0, aunque en el caso nulo se cumple de manera trivial lo que queremos probar en el ejercicio. Volvemos al caso que nos interesa. Consideramos la tupla dada por la diferencia de ambas soluciones

$$(z_1, z_2, \ldots, z_n), \text{ donde } z_i = \overline{x_i} - \widehat{x_i}, \ i = 1, \ldots, n,$$

y veamos lo que ocurre cuando sustituimos las coordenadas de esta tupla en el sistema (s). Para la primera ecuación

$$a_{11}z_1 + a_{12}z_2 + \cdots + a_{1n}z_n = a_{11}(\overline{x_1} - \widehat{x_1}) + a_{12}(\overline{x_2} - \widehat{x_2}) + \cdots + a_{1n}(\overline{x_n} - \widehat{x_n})$$

$$\overset{(1)}{=} a_{11}\overline{x_1} + a_{12}\overline{x_2} + \cdots + a_{1n}\overline{x_n} - (a_{11}\widehat{x_1} + a_{12}\widehat{x_2} + \cdots + a_{1n}\widehat{x_n})$$

$$\overset{(2)}{=} b_1 - b_1 = 0,$$

donde en (1) hemos usado la propiedad distributiva del producto y la conmutativa de la suma y en (2) que $(\overline{x_1}, \overline{x_2}, \ldots, \overline{x_n})$, $(\widehat{x_1}, \widehat{x_2}, \ldots, \widehat{x_n})$ son soluciones del sistema (s). De forma análoga, comprobamos el resto de ecuaciones del sistema, con lo que el enunciado quedaría demostrado.

Solución 4.3

1) Resolvemos por el método de Gauss.

$$\begin{pmatrix} 2 & -1 & \bigm| & 7 \\ 2 & 2 & \bigm| & 0 \end{pmatrix} F_{21}^{-1} \begin{pmatrix} 2 & -1 & \bigm| & 7 \\ 0 & 3 & \bigm| & -7 \end{pmatrix},$$

de manera que el sistema equivalente a resolver sería

$$\begin{cases} 2x - y = 7 \\ 3y = -7 \end{cases} \Rightarrow y = \frac{-7}{3}, \quad x = \left(7 - \frac{7}{3}\right)\frac{1}{2} = \frac{7}{3}.$$

2) De nuevo, resolvemos por Gauss

$$\begin{pmatrix} 1 & -1 & \bigm| & a + b \\ a & b & \bigm| & 0 \end{pmatrix} F_{21}^{-a} \begin{pmatrix} 1 & -1 & \bigm| & a + b \\ 0 & a + b & \bigm| & a(a + b) \end{pmatrix},$$

$$\begin{cases} x - y = a + b \\ (a + b)y = a(a + b) \end{cases} \Rightarrow y = a \text{ si } a + b \neq 0, \ x = 2a + b,$$

$$\text{Si } a + b = 0 \Rightarrow x - y = 0,$$

observamos que si $a+b \neq 0$, entonces el sistema es compatible determinado con soluciones $y = a, x = 2a + b$, mientras que si $a + b = 0$, lo que nos queda es un sistema compatible indeterminado, y el conjunto de soluciones es $x = y$.

3) Cuando los sistemas a resolver tienen coeficientes poco manejables, consideramos conveniente resolverlos por Cramer para evitar posibles errores en la realización de las cuentas pertinentes en el método de Gauss. La matriz del sistema a resolver, que lo haremos mediante Cramer, es la siguiente

$$\left(\begin{array}{cc|c} \dfrac{1}{m} & -\dfrac{1}{m} & \dfrac{a}{m} - \dfrac{b}{n} \\[2mm] p & p & d \end{array} \right),$$

$$x = \cfrac{\begin{vmatrix} \dfrac{a}{m} - \dfrac{b}{m} & -\dfrac{1}{n} \\[2mm] d & p \end{vmatrix}}{\dfrac{p(m+n)}{mn}} = \cfrac{p\left(\dfrac{a}{m} - \dfrac{b}{m}\right) + \dfrac{d}{n}}{\dfrac{p(m+n)}{mn}},$$

$$y = \cfrac{\begin{vmatrix} \dfrac{1}{m} & \dfrac{a}{m} - \dfrac{b}{n} \\[2mm] p & d \end{vmatrix}}{\dfrac{p(m+n)}{mn}} = \cfrac{\dfrac{d}{n} - p\left(\dfrac{a}{m} - \dfrac{b}{n}\right)}{\dfrac{p(m+n)}{mn}}.$$

4)

$$\left(\begin{array}{ccc|c} 1 & 1 & -2 & 9 \\ 3 & 0 & 3 & -6 \\ 2 & -3 & 1 & -7 \end{array} \right) \begin{array}{c} F_{21}^{-3} \\ F_{31}^{-2} \end{array} \left(\begin{array}{ccc|c} 1 & 1 & -2 & 9 \\ 0 & -3 & 9 & -33 \\ 0 & -5 & 5 & -25 \end{array} \right) \begin{array}{c} F_{2}^{-\frac{1}{3}} \\ F_{32}^{-5} \end{array} \left(\begin{array}{ccc|c} 1 & 1 & -2 & 9 \\ 0 & -1 & 3 & -1 \\ 0 & 0 & -10 & 30 \end{array} \right),$$

despejando directamente en el sistema anterior

$$z = -3, \quad y = 2, \quad x = 1.$$

5)

$$\left(\begin{array}{ccc|c} 1 & 1 & 1 & 1 \\ 2 & 3 & -1 & 2 \\ 3 & -1 & 1 & 3 \end{array} \right),$$

usando Cramer

$$x = \cfrac{\begin{vmatrix} 1 & 1 & 1 \\ 2 & 3 & -1 \\ 3 & -1 & 1 \end{vmatrix}}{\begin{vmatrix} 1 & 1 & 1 \\ 2 & 3 & -1 \\ 3 & -1 & 1 \end{vmatrix}} = 1, \quad y = \cfrac{\begin{vmatrix} 1 & 1 & 1 \\ 2 & 2 & -1 \\ 3 & 3 & 1 \end{vmatrix}}{-14} = 0, \quad z = 0.$$

6)

$$\left(\begin{array}{ccc|c} 1 & 1 & 0 & 1 \\ 0 & 9 & -3 & 10 \\ 3 & -3 & 0 & -5 \end{array}\right) \overset{F_{31}^{-3}}{\sim} \left(\begin{array}{ccc|c} 1 & 1 & 0 & 1 \\ 0 & 9 & -3 & 10 \\ 0 & -6 & 0 & -8 \end{array}\right) \overset{F_{32}^{\frac{2}{3}}}{\sim} \left(\begin{array}{ccc|c} 1 & 1 & 0 & 1 \\ 0 & 9 & -3 & 10 \\ 0 & 0 & -2 & -\frac{4}{3} \end{array}\right),$$

$$z = \frac{2}{3}, \quad y = \frac{4}{3}, \quad x = -\frac{1}{3}.$$

7) Teniendo en cuenta que el determinante de la matriz de coeficientes es 6 y aplicando Cramer, nos queda

$$x = \frac{\begin{vmatrix} 14 & 1 & 1 & 1 \\ -7 & 2 & 0 & -4 \\ 10 & 0 & 1 & 0 \\ 9 & 0 & 1 & 2 \end{vmatrix}}{6} = \frac{36}{6} = 6, \quad y = \frac{\begin{vmatrix} 1 & 14 & 1 & 1 \\ 0 & -7 & 0 & -4 \\ 1 & 10 & 1 & 0 \\ 0 & 9 & 1 & 2 \end{vmatrix}}{6} = \frac{9}{6},$$

$$z = \frac{\begin{vmatrix} 1 & 1 & 14 & 1 \\ 0 & 2 & -7 & -4 \\ 1 & 0 & 10 & 0 \\ 0 & 0 & 9 & 2 \end{vmatrix}}{6} = \frac{24}{6} = 4, \quad t = \frac{\begin{vmatrix} 1 & 1 & 1 & 14 \\ 0 & 2 & 0 & -7 \\ 1 & 0 & 1 & 10 \\ 0 & 0 & 1 & 9 \end{vmatrix}}{6} = \frac{15}{6}.$$

Solución 4.4

Siempre que nos pidan discutir un sistema, será conveniente tener en cuenta el Teorema de Rouché-Frobenius. La matriz ampliada asociada al sistema en este caso sería

$$\overline{A} = \left(\begin{array}{cc|c} m+3 & 2(m+1) & 4 \\ 1 & m & m \end{array}\right) \Rightarrow |A| = m(m+3) - 2(m+1) = m^2 + m - 2,$$

por tanto, el determinante de A es nulo si y solamente si $m = -2$ o $m = 1$. Estudiamos estos dos casos.

- Si $m = -2$, entonces $|A| = 0$ y $rg(A) = 1$, mientras que $rg(\overline{A}) = 2$, con lo que tenemos un sistema incompatible.

- Si $m = 1$, el rango de A es 1, al igual que el rango de la ampliada, siendo ambos menor que el número de incógnitas, por lo que tendremos un sistema compatible indeterminado. Al resolver el sistema en este caso

$$x = \lambda \in \mathbb{R} \text{ (fijamos una de las incógnitas como parámetro y en la segunda ecuación)}$$

$$x + y = 1 \iff y = 1 - \lambda, \lambda \in \mathbb{R}.$$

- Si $m \neq -2$, $m \neq 1$, tenemos que el rango de la matriz de coeficientes coincide con el número de incógnitas (por lo que la matriz ampliada tendrá necesariamente el mismo rango) y el sistema será compatible determinado. Resolviendo el sistema mediante Cramer

$$x = \frac{\begin{vmatrix} 4 & 2(m+1) \\ m & m \end{vmatrix}}{(m+2)(m-1)} = \frac{-2(m-1)^2}{(m+2)(m-1)},$$

$$y = \frac{\begin{vmatrix} m+3 & 4 \\ 1 & m \end{vmatrix}}{(m+2)(m-1)} = \frac{(m+4)(m-1)}{(m+2)(m-1)}.$$

donde en la última igualdad hemos podido cancelar términos porque estamos en el caso $m \neq 1$.

Solución 4.5

Procedemos de manera totalmente análoga al ejercicio anterior, teniendo en cuenta que en cada uno de los casos estamos aplicando el teorema de Rouché-Frobenius para comparar los rangos de las matrices correspondientes.

$$|A| = (m-1)(-2(m+2)) - (2m+1)(m+2) = -4m^2 - 7m + 2 \Rightarrow |A| = 0 \iff m = -2, m = \frac{1}{4}.$$

- Si $m = -2$, entonces $rg(A) = 1$, igual al rango de la ampliada, ya que

$$\overline{A} = \left(\begin{array}{cc|c} -3 & 0 & -4 \\ -3 & 0 & -4 \end{array} \right),$$

con lo que nos quedaría un sistema compatible indeterminado con soluciones

$$x = \frac{4}{3}, \quad y = \lambda \in \mathbb{R}.$$

- Si $m = \dfrac{1}{4}$,

$$\overline{A} = \left(\begin{array}{cc|c} -\frac{3}{4} & \frac{9}{4} & \frac{1}{2} \\ \frac{3}{2} & -\frac{9}{2} & -\frac{7}{4} \end{array} \right),$$

y el sistema sería incompatible, ya que el $rg(A) = 1 \neq 2 = rg(\overline{A})$.

- Si $m \neq -2$ y $m \neq \dfrac{1}{4}$, entonces el rango de la matriz de coeficientes es máximo ya que su determinante es no nulo, es decir, $rg(A) = 2 = n^{\circ}$ de incógnitas, por lo que el sistema es compatible determinado con soluciones

$$x = \frac{\left| \begin{array}{cc} 2m & m+2 \\ m-2 & -2(m+2) \end{array} \right|}{(m+2)(m-\frac{1}{4})} = \frac{-5m^2 - 8m + 4}{(m+2)(4m-1)} = \frac{-(5m-2)(m+2)}{(m+2)(4m-1)},$$

$$y = \frac{\left| \begin{array}{cc} m-1 & 2m \\ 2m+1 & m-2 \end{array} \right|}{(m+2)(4m-1)} = \frac{-3m^2 - 5m + 2}{(m+2)(4m-1)} = \frac{-(m+2)(3m+1)}{(m+2)(4m-1)}.$$

Solución 4.6

Nos encontramos ante un sistema homogéneo, que sabemos que es compatible pues siempre tiene a la solución nula como posible solución. Para que pueda tener más de una solución, necesitamos que el sistema sea compatible indeterminado, es decir, vamos a estudiar para qué valores de m se tiene que el rango de las matrices de coeficientes y ampliada coinciden y, además, son menor que el número de incógnitas del sistema.

Puesto que el determinante de la matriz de coeficientes es $|A| = 35 - 7m$, entonces, $|A| = 0 \iff m = 5$, en cuyo caso, $rg(A) = 2 <$nº de incógnitas. Además, esta condición es suficiente para que el sistema sea compatible indeterminado, ya que, al ser homogéneo, podemos afirmar que el rango de la matriz ampliada coincide siempre con el de la matriz de coeficientes, puesto que la columna nula no añade rango. Resolvemos por Gauss el sistema que nos queda para $m = 5$.

$$\left(\begin{array}{ccc|c} 3 & 2 & 5 & 0 \\ 2 & 1 & 3 & 0 \\ 1 & -3 & -2 & 0 \end{array}\right) \overset{F_{13}}{\sim} \left(\begin{array}{ccc|c} 1 & -3 & -2 & 0 \\ 2 & 1 & 3 & 0 \\ 3 & 2 & 5 & 0 \end{array}\right) \overset{(*)}{\sim} \left(\begin{array}{ccc|c} 1 & -3 & -2 & 0 \\ 0 & 7 & 7 & 0 \\ 0 & 11 & 11 & 0 \end{array}\right),$$

donde en $(*)$ hemos hecho las transformaciones elementales correspondientes a F_{21}^{-2}, F_{31}^{-3}, $F_2^{\frac{1}{7}}$, F_{32}^{-1}. Teniendo en cuenta las ecuaciones que definen las filas de la matriz que aportan rango, el sistema a resolver será

$$\begin{cases} x - 3y - 2z = 0 \\ y + z = 0 \end{cases} \Rightarrow \begin{cases} z = \lambda, \\ y = -\lambda \\ x = -\lambda, \end{cases} \text{con } \lambda \in \mathbb{R}.$$

Solución 4.7

Procediendo como en los ejercicios anteriores, estudiamos el rango para poder aplicar el Teorema de Rouché-Frobenius

$$|A| = m^3 - 3m + 2 = (m-1)^2(m+2).$$

Distinguimos casos

- Si $m = 1$, entonces el $rg(A) = 1$

$$\overline{A} = \begin{pmatrix} 1 & 1 & 1 & | & 1 \\ 1 & 1 & 1 & | & 1 \\ 1 & 1 & 1 & | & 1 \end{pmatrix} \Rightarrow rg(\overline{A}) = 1,$$

de manera que podemos quedarnos con una de las ecuaciones (las tres son iguales) y despejar de esta las incógnitas, es decir,

$$x + y + z = 1 \Rightarrow \begin{cases} x = \lambda \\ y = \mu \\ z = 1 - \lambda - \mu \end{cases} \qquad \text{con } \lambda, \mu \in \mathbb{R}.$$

- Si $m = -2$, entonces $rg(A) = 2$,

$$\overline{A} = \begin{pmatrix} -2 & 1 & 1 & | & 1 \\ 1 & -2 & 1 & | & 1 \\ 1 & 1 & -2 & | & 4 \end{pmatrix} \Rightarrow rg(\overline{A}) = 3,$$

por lo que el sistema será incompatible

- Si $m \neq 1$ y $m \neq -2$, entonces $rg(A) = 3$, que coincide con el número de incógnitas, y, resolviendo el sistema por Cramer,

$$x = \frac{\begin{vmatrix} 1 & 1 & 1 \\ m & m & 1 \\ m^2 & 1 & m \end{vmatrix}}{(m-1)^2(m+2)} = \frac{-m^3 + m^2 + m - 1}{(m-1)^2(m+2)} = \frac{-(m-1)^2(m+1)}{(m-1)^2(m+2)},$$

$$y = \frac{\begin{vmatrix} m & 1 & 1 \\ 1 & m & 1 \\ 1 & m^2 & m \end{vmatrix}}{(m-1)^2(m+2)} = \frac{m^2 - 2m + 1}{(m-1)^2(m+2)} = \frac{(m-1)^2}{(m-1)^2(m+2)} = \frac{1}{m+2},$$

$$z = \frac{\begin{vmatrix} m & 1 & 1 \\ 1 & m & m \\ 1 & 1 & m^2 \end{vmatrix}}{(m-1)^2(m+2)} = \frac{m^4 - 2m^2 + 1}{(m-1)^2(m+2)} = \frac{(m^2-1)^2}{(m-1)^2(m+1)}.$$

Solución 4.8

1. Una forma de ver que siempre es compatible es como hemos hecho en los ejercicios anteriores, es decir, estudiamos el rango de la matriz de coeficientes y de la matriz ampliada y, aplicando Rouché-Frobenius, ver que para cualesquiera de los valores de a se tiene que el sistema es compatible (ya sea determinado o indeterminado). Veamos que despejando directamente y razonando las soluciones de forma algebraica podemos llegar a la misma conclusión. Despejamos en la tercera ecuación y sustituimos en la segunda

$$x = y - 1 \Rightarrow 2(y-1) + ay = a \iff 2y + ay = a + 2 \iff (2+a)y = a + 2 \quad (*)$$

ahora bien, si $a \neq -2$, se tiene que $(2 + a) \neq 0$ y podemos dividir por éste, despejando y en la última igualdad obtenida, es decir, $y = 1$, de donde $x = 0$, llegando así a que el sistema es compatible (determinado). En el otro caso en el que $a = -2$, en la ecuación $(*)$ lo que nos quedaría es $0 = 0$, por lo que dicha ecuación no aporta información a nuestro sistema. Consideramos entonces la primera ecuación y sustituimos en ésta,

$$-2x + 2y = 2 \iff -2(y-1) + 2y = 2 \iff -2y + 2 + 2y = 2 \iff 0 = 0,$$

de manera que dicha ecuación tampoco nos aporta información a las soluciones, es decir, la única ecuación a considerar en el sistema sería la tercera, por lo que tenemos un sistema con una única ecuación y dos incógnitas. Fijando un parámetro, el conjunto de soluciones sería

$$\begin{cases} x = \lambda - 1 \\ y = \lambda \end{cases}, \quad \lambda \in \mathbb{R},$$

llegando de nuevo a la conclusión de que el sistema es compatible (esta vez, indeterminado uni-paramétrico).

2. Teniendo en cuenta el apartado anterior, podemos afirmar que para $a \neq -2$, el sistema es determinado y para $a = -2$, indeterminado.

3. Las soluciones están calculadas de manera explícita en el apartado 1.

Solución 4.9

Observando la primera y la cuarta ecuación, podemos afirmar que para que el sistema sea compatible es necesario que $b = 2$. Estudiemos los valores de a suponiendo que $b = 2$ (en caso contrario, el sistema será incompatible, ya que no pueden darte la primera y la última ecuación de manera simultánea si $b \neq 2$), por lo que la última ecuación no aporta información al sistema, es decir, el sistema a discutir sería el siguiente

$$\begin{cases} x + 2y + z = 2 \\ x + y + 2z = 3 \\ x + 3y + az = 1. \end{cases}$$

El determinante de la matriz de coeficientes asociada al sistema de arriba es $-a$, por lo que ésta tendrá rango 3 siempre que $a \neq 0$, en cuyo caso, el conjunto de soluciones será (resolviendo por cualquiera de los métodos vistos en teoría)

$$\begin{cases} x = 4 \\ y = -1 \\ z = 0. \end{cases}$$

Por otra parte, si suponemos que $a = 0$ (recordamos que $b = 2$), el sistema a resolver tiene por matriz ampliada

$$\overline{A} = \begin{pmatrix} 1 & 2 & 1 & \bigm| & 2 \\ 1 & 1 & 2 & \bigm| & 3 \\ 1 & 3 & 0 & \bigm| & 1 \end{pmatrix}.$$

Dejamos al lector las pertinentes cuentas sobre menores en la matriz anterior, deduciendo que ésta tiene rango dos, por lo que, por el teorema de Rouché-Frobenius, el sistema será compatible indeterminado. Las soluciones de este sistema serán

$$\begin{cases} x = \lambda \\ y = \dfrac{1-x}{3} \\ z = \dfrac{4-x}{3} \end{cases} , \quad \lambda \in \mathbb{R}.$$

Solución 4.10

a) Puesto que el sistema es homogéneo, sabemos que la solución trivial es siempre solución de este sistema, de modo que tenemos que calcular un valor de k para el que tenga una única solución, es decir, para que sea compatible determinado. Veamos el rango de la matriz de coeficientes a través de su determinante

$$\begin{vmatrix} 3 & -1 & -1 \\ 3 & 2 & k \\ 1 & -1 & -4 \end{vmatrix} = 2k - 31 = 0 \iff k = \frac{31}{2},$$

luego, siempre que $k \neq \dfrac{31}{2}$ el sistema será determinado y la única solución será la trivial.

b) Supongamos ahora que $k = \dfrac{31}{2}$, por lo que el sistema será indeterminado y podremos dar una solución distinta de la trivial. El conjunto de soluciones (uni-paramétricas) serían

$$\begin{cases} x = \lambda \\ y = \dfrac{11}{3}\lambda \\ z = \dfrac{-2}{3}\lambda \end{cases}, \lambda \in \mathbb{R},$$

así que tomando, por ejemplo, $\lambda = 3$, una solución particular será $x = 3$, $y = 11$, $z = -2$.

Solución 4.11

a) El sistema a cosiderar tiene por matriz ampliada

$$\overline{A} = \begin{pmatrix} a_{11} & a_{12} & \cdots & a_{1n} & b_1 \\ a_{21} & a_{22} & \cdots & a_{2n} & b_2 \\ \vdots & \vdots & \ddots & \vdots & \vdots \\ a_{n1} & a_{n2} & \cdots & a_{nn} & b_n \\ a_{n+1\ 1} & a_{n+1\ 2} & \cdots & a_{n+1\ n} & b_{n+1} \end{pmatrix}$$

que es una matriz cuadrada de dimensión $n+1 \times n+1$, mientras que la matriz de coeficientes (igual al anterior pero obviando la última columna de términos independientes) es una matriz de dimensión $n + 1 \times n$, por lo que como mucho, puede tener rango n. Si el determinante de la matriz $\overline{A}$ fuera no nulo, su rango sería $n + 1$, siendo mayor que el rango de la matriz de coeficientes y, por el teorema de Rouché-Frobenius, el sistema asociado sería incompatible, es decir, para que sea compatible es necesario, al menos, que el determinante de la matriz ampliada sea nulo. Por otra parte, esta condición no tiene por qué garantizar la compatibilidad del sistema (que es lo mismo que decir que no es suficiente) ya que, para que el sistema sea compatible, es necesario que los rangos de la matriz de coeficientes y la ampliada sean iguales y, al añadir una columna arbitraria a la matriz de coeficientes, puede aumentar el rango que tuviese la de coeficientes (lo que veremos en el siguiente apartado con un ejemplo).

b) Consideramos por ejemplo el sistema de ecuaciones

$$\begin{cases} x + y = 2 \\ 2x + 2y = 3 \\ -x - y = -2. \end{cases}$$

Observamos que el determinante de la matriz ampliada es 0. Sin embargo, el sistema es incompatible, ya que el rango de la matriz de coeficientes es 1, mientras que el de la ampliada es 2.

Solución 4.12

Observamos que si $x = y = z = 0$, entonces la ecuación del enunciado se tiene para cualesquiera α, β, γ. Supongamos que ninguna de las tres variables es nula. Para que dos polinomios sean iguales, han de serlo cada uno de los coeficientes respectivos a cada variable, es decir, sacamos factor común:

$$(\alpha + \beta + 5\gamma)x + (-2\alpha - 3\beta - 11\gamma)y + (\alpha + 5\beta + 9\gamma)z = 0,$$

de manera que cada uno de los coeficientes de x, y, z deberán ser nulos (siempre que x, y, z no tomen el valor 0), con lo que nos quedaría

$$\begin{cases} \alpha + \beta + 5\gamma = 0 \\ -2\alpha - 3\beta - 11\gamma = 0 \\ \alpha + 5\beta + 9\gamma = 0 \end{cases}$$

que es un sistema de ecuaciones homogéneo. Nótese que el enunciado del ejercicio nos pregunta por los valores de α, β, γ, por lo que estas serán nuestras incógnitas, aunque con la notación usual estemos acostumbrados a denotarlas por x, y, z. Resolviendo este último sistema por cualquiera de los métodos vistos en teoría, llegamos a que la solución es $\beta = \dfrac{\alpha}{4}$, $\gamma = -\dfrac{\alpha}{4}$, pudiendo tomar α cualquier valor real. Al tener rango 2 la matriz de coeficientes del sistema con incógnitas α, β, γ, se tiene que podemos desconsiderar alguna de las ecuaciones del sistema, lo que es equivalente a que si alguna de las variables x, y, z se anulan, su ecuación correspondiente no aparece el sistema, terminando así de discutir todos los casos posibles.

Solución 4.13

Tomamos las dos soluciones del enunciado y las sustituimos en el sistema, de modo que nos queda un sistema de cuatro ecuaciones con cuatro incógnitas (a, b, a', b', tomaremos c como una variable)

$$\begin{cases} a + 2b = -1 \\ a' + 2b' = -c \\ 7a + 3b = -1 \\ 7a' + 3b' = -c. \end{cases}$$

Estudiando el rango de la matriz de coeficientes

$$A = \begin{pmatrix} 1 & 2 & 0 & 0 \\ 0 & 0 & 1 & 2 \\ 7 & 3 & 0 & 0 \\ 0 & 0 & 7 & 3 \end{pmatrix}$$

llegamos a que rang $A = 4$, que coincide con el número de incógnitas, por lo que el sistema (de incógnitas a, a', b, b') es compatible determinado con solución $a = \dfrac{1}{11}, b = -\dfrac{6}{11}, a' = \dfrac{c}{11}, b' = -\dfrac{6c}{11}$, con $c \in \mathbb{R}$. Ahora bien, las soluciones por las que nos preguntan son las del sistema de partida, por lo que vamos a sustituir los valores obtenidos en dicho sistema, quedando así

$$\begin{cases} \dfrac{1}{11}x - \dfrac{6}{11}y = -1 \\ \\ \dfrac{c}{11}x - \dfrac{6c}{11}y = -c. \end{cases}$$

Notemos que la segunda ecuación puede obtenerse multiplicando la primera por c, por lo no aporta información, es decir, tenemos un sistema de una ecuación (no trivial) con dos incógnitas, por lo que el sistema es compatible indeterminado, tendrá infinitas soluciones dadas por $x = 6y - 11$.

Solución 4.14

Para discutir el sistema procedemos, al igual que siempre, con el estudio de los rangos de la matriz de coeficientes y de la matriz ampliada para aplicar el teorema de Rouché-Frobenius. Tenemos pues

$$|A| = 2 - 2\lambda,$$

por lo tanto, $\operatorname{rang}(A) = 3$ si y sólo si $\lambda \neq 1$, es decir, si $\lambda \neq 1$, tenemos un sistema compatible determinado ya que el rango de la matriz de coeficientes es igual al número de incógnitas. En cuyo caso, la solución sería

$$x = -\frac{1}{2}, \quad y = 0, \quad z = \lambda + \frac{3}{2}, \quad \text{para cada } \lambda \in \mathbb{R}.$$

Por otra parte, si $\lambda = 1$, la matriz ampliada correspondiente al sistema será

$$\overline{A} = \left(\begin{array}{ccc|c} 1 & 1 & 1 & 2 \\ 0 & 3 & 2 & 5 \\ 3 & 0 & 1 & 1 \end{array} \right),$$

de modo que $\operatorname{rang}(A) = 2$ y $\operatorname{rang}(\overline{A}) = 2$, quedando un sistema compatible indeterminado, con soluciones $y = 2x + 1$, $z = 1 - 3x$.

Para responder la última pregunta del enunciado, observamos que la solución dada coincide con el caso compatible determinado que hemos discutido $\left(x = \dfrac{1}{2}, y = 0 \right)$. Despejando de la tercera incógnita, obtenemos que $z = \dfrac{1}{2}$ si y sólo si $\lambda = -1$, respondiendo así a la cuestión.

Solución 4.15

Para el cálculo de determinantes en este ejercicio se realiza un procedimiento parecido al que hubo en la relación de ejercicios del tema sobre determinantes. Así, el determinante de la matriz de coeficientes es

$$\det(A) = (a - 1)^3 (a + 3),$$

es decir, si $a \neq 1$ y $a \neq -3$ entonces el rango será 4, igual al número de incógnitas y el sistema es compatible determinado. Vamos a calcular las soluciones. Una forma sencilla de hacerlo es mediante Cramer (ya que tenemos uno de los determinantes, mientras que para el otro se recomienda desarrollar por alguna de sus líneas y usar las propiedades de los determiantes de matrices).

$$x = \frac{\begin{vmatrix} a & 1 & 1 & 1 \\ a & a & 1 & 1 \\ a & 1 & a & 1 \\ a & 1 & 1 & a \end{vmatrix}}{(a-1)^3(a+3)} = \frac{(a-1)^3 a}{(a-1)^3(a+3)} = \frac{a}{a+3}.$$

$$y = \frac{\begin{vmatrix} a & a & 1 & 1 \\ 1 & a & 1 & 1 \\ 1 & a & a & 1 \\ 1 & a & 1 & a \end{vmatrix}}{(a-1)^3(a+3)},$$

observamos que el determinante que aparece en el numerador para hallar la segunda incógnita es el mismo que el que hemos calculado para x salvo dos permutaciones (intercambio de las dos primeras columnas y después, intercambio de las dos primeras filas), por lo que el determinante será exactamente el mismo, es decir,

$$y = \frac{a}{a+3}.$$

De forma totalmente análoga, llegamos a que

$$z = \frac{a}{a+3}, \quad t = \frac{a}{a+3}.$$

El caso en el que $a = 1$, tenemos cuatro ecuaciones iguales, por lo que consideramos sólo una y el sistema a resolver es

$$x + y + z + t = 1,$$

así que, despejando cualquiera de las incógnitas, tenemos un sistema compatible indeterminado tri-paramétrico, cuyas soluciones son

$$x = -y - z - t + 1, \quad y, z, t \in \mathbb{R}.$$

Por último, supongamos el caso $a = -3$. Dado que

$$\det \begin{pmatrix} -3 & 1 & 1 \\ 1 & -3 & 1 \\ 1 & 1 & -3 \end{pmatrix} \neq 0,$$

se tiene que rang(A)= 3, mientras que el rango de la ampliada es 4, con lo que el sistema en este caso es incompatible.

Solución 4.16

Tenemos que el determinante de la matriz de coeficientes es $\det(A) = a^2(a + 3) = 0 \iff a = 0$ ó $a = -3$. Pasamos a discutir el sistema.

- Si $a \neq 0$ y $a \neq -3$, entonces el sistema es compatible determinado, con soluciones

$$x = 2 - a^2, \ y = 2a - 1, \ z = a^3 + 2a^2 - a - 1, \ a \in \mathbb{R} \setminus \{0, -3\}.$$

- Si $a = 0$, entonces el sistema es compatible indeterminado biparamétrico, ya que el rango de A es 1 y coincide con el de la matriz ampliada. Las soluciones en este caso serían

$$z = -x - y, \quad x, y \in \mathbb{R}.$$

- Si $a = -3$, entonces rang(A) $= 2 = $ rang($\overline{A}$), con lo que el sistema es compatible indeterminado uniparamétrico, con soluciones

$$y = x, \ z = x, \ x \in \mathbb{R}.$$

Solución 4.17

El rango de la matriz de coeficientes es 3, independientemente del valor de a. Sin embargo, el de la matriz ampliada (calculando su determinante) es distinto dependiendo de si $a = 5$ ó $b = 2$. En el caso en el que $a \neq 5$ y $b \neq 2$, el determinante sería distinto de 0, es decir, el rango sería cuatro y, por lo tanto, el sistema sería incompatible. Si $a = 5$ y $b \neq 2$, entonces el sistema es compatible determinado con soluciones $x = -b - 4$, $y = 10$, $z = b - 2$. Por último, si $b = 2$ entonces el sistema vuelve a ser compatible determinado con $x = -6$, $y = 10$, y $z = 0$.

Solución 4.18

Usaremos los cálculos del ejercicio anterior para ayudarnos en éste. Para empezar

$$
\begin{vmatrix} 1 & 1 & 1 \\ 4 & 3 & 4 \\ 3 & 2 & 2 \end{vmatrix} = -1,
$$

por lo que el rango de S es 3, sea cual sea el valor de s. Para el caso de la matriz de coeficientes, al ser cuadrada, empezaremos viendo su determinante para comprobar si tiene o no rango máximo, es decir

$$
\begin{vmatrix} 1 & 1 & 1 & 4 \\ 4 & 3 & 4 & 6 \\ 3 & 2 & 2 & b \\ 5 & 4 & a & 10 \end{vmatrix} = (a - 5)(b - 2),
$$

así que el rango será 4 siempre que $a \neq 5$ y $b \neq 2$. Sin embargo, si $a = 5$ ó b toma el valor 2, la matriz pasa a tener rango 3, ya que el menor que hemos calculado para S nos vale también en este caso (de hecho, los valores que toman a y b influyen sólo en los valores del conjunto de soluciones).

B.3. Ejercicios del Capítulo 6

Solución 6.1

Veamos primero que el espacio de los polinomios de grado menor o igual que tres con

coeficientes reales,

$$P_3[X] = \{a_0 + a_1x + a_2x^2 + a_3x^3 : a_i \in \mathbb{R}, i = 0, 1, 2, 3\},$$

satisface las propiedades de la definición de espacio vectorial: dado un grupo $(V, +)$ y $(\mathbb{K}, \oplus, \otimes)$ un cuerpo, y $\cdot : \mathbb{K} \times V \to V$ una operación externa, diremos que V es un $\mathbb{K}$-espacio vectorial si para todo $\lambda, \mu \in \mathbb{K}, v, w \in V$ se satisface

1. $1_\otimes v = v$,

2. $\lambda \cdot (\mu \cdot v) = (\lambda \otimes \mu) \cdot v$,

3. $\lambda \cdot (v + w) = \lambda \cdot v + \lambda \cdot w$,

4. $(\lambda \oplus \mu) \cdot v = \lambda \cdot v + \mu \cdot v$.

Se deja para el lector comprobar que $(P_3[X], +)$ con la suma de polinomios definida por

$$(a_0+a_1x+a_2x^2+a_3x^3)+(b_0+b_1x+b_2x^2+b_3x^3) = (a_0+b_0)+(a_1+b_1)x+(a_2+b_2)x^2+(a_3+b_3)x^3$$

es un grupo (se sigue directamente de que la suma está definida a partir de la suma de números reales y esta es, efectivamente, un grupo). Como los coeficientes son los reales, el cuerpo sobre el que trabajamos será $(\mathbb{R}, +, \cdot)$ con la suma y productos usuales que, en efecto, sabemos que es un cuerpo.

1. $1 \cdot (a_0 + a_1x + a_2x^2 + a_3x^3) = a_0 + a_1x + a_2x^2 + a_3x^3$,

2. Sean $\lambda, \mu \in \mathbb{R}$, entonces

$$\lambda \cdot (\mu \cdot (a_0 + a_1x + a_2x^2 + a_3x^3)) = \lambda \cdot (\mu \cdot a_0 + \mu \cdot a_1x + \mu \cdot a_2x^2 + \mu \cdot a_3x^3)$$
$$= \lambda \cdot \mu a_0 + \lambda \cdot \mu a_1x + \lambda \cdot \mu a_2x^2 + \lambda \cdot \mu a_3x^3$$
$$= (\lambda \otimes \mu) \cdot (a_0 + a_1x + a_2x^2 + a_3x^3),$$

donde en el último igual hemos sacado factor común.

3. Sea $\lambda \in \mathbb{R}$,

$$\lambda \cdot (a_0 + a_1 x + a_2 x^2 + a_3 x^3 + b_0 + b_1 x + b_2 x^2 + b_3 x^3)$$

$$= \lambda \cdot ((a_0 + b_0) + (a_1 + b_1)x + (a_2 + b_2)x^2 + (a_3 + b_3)x^3)$$

$$= \lambda \cdot (a_0 + b_0) + \lambda \cdot (a_1 + b_1)x + \lambda \cdot (a_2 + b_2)x^2 + \lambda \cdot (a_3 + b_3)x^3$$

$$= \lambda \cdot a_0 + \lambda \cdot b_0 + \lambda \cdot a_1 x + \lambda \cdot b_1 x + \lambda \cdot a_2 x^2 + \lambda \cdot b_2 x^2 + \lambda \cdot a_3 x^3 + \lambda \cdot b_3 x^3$$

$$= \lambda(a_0 + a_1 x + a_2 x^2 + a_3 x^3) + \lambda(b_0 + b_1 x + b_2 x^2 + b_3 x^3).$$

4. Sean $\lambda, \mu \in \mathbb{R}$,

$$(\lambda \oplus \mu)(a_0 + a_1 x + a_2 x^2 + a_3 x^3)$$

$$= (\lambda \oplus \mu)a_0 + (\lambda \oplus \mu)a_1 x + (\lambda \oplus \mu)a_2 x^2 + (\lambda \oplus \mu)a_3 x^3$$

$$= \lambda a_0 + \mu a_0 + \lambda a_1 x + \mu a_1 x + \lambda a_2 x^2 + \mu a_2 x^2 + \lambda a_3 x^3 + \mu a_3 x^3$$

$$= \lambda(a_0 + a_1 x + a_2 x^2 + a_3 x^3) + \mu(a_0 + a_1 x + a_2 x^2 + a_3 x^3).$$

Ahora probemos que la dimensión del espacio es cuatro. Para ello, recordamos que la definición de dimensión de un espacio vectorial se corresponde con el cardinal de cualquiera de sus bases. Puesto que nos piden ver que B es base y ésta tiene cuatro elementos, probemos que B satisface la condición de base, concluyendo afirmativamente ambas cuestiones. Según la definición de base, habría que ver que los elementos de B son un sistema generador y, además, linealmente independientes. Fijamos un vector $a_0 + a_1 x + a_2 x^2 + a_3 x^3$ (arbitrario) del espacio vectorial. Para que sea sistema generador, dicho vector arbitrario se tiene que poder escribir como combinación lineal de los elementos de B, es decir, existen $\lambda_0, \lambda_1, \lambda_2, \lambda_3 \in \mathbb{R}$ tales que el sistema que se obtiene de la condición

$$\lambda_0 \cdot 1 + \lambda_1 \cdot x + \lambda_2 x^2 + \lambda_3 x^3 = a_0 + a_1 x + a_2 x^2 + a_3 x^3$$

es un sistema compatible determinado (recordamos que los a_i son conocidos, ya que aunque el polinomio es arbitrario, está prefijado, por lo que igualando coeficientes en función del grado de x (dos polinomios son iguales si lo son coeficiente a coeficiente en cada monomio de un grado específico), se obtiene un sistema de cuatro ecuaciones con cuatro incógnitas, a

saber, $\lambda_0, \lambda_1, \lambda_2, \lambda_3$). En el caso de B, tenemos que la solución de dicho sistema es $\lambda_i = a_i$, con $i = 0, 1, 2, 3$ (es por esto que la base B se le denomina canónica, porque no son necesarios muchos cálculos para hallar las coordenadas de un vector en esta base). Por lo tanto, dado que el sistema tiene solución, B es un sistema generador. Por otra parte, es claro que los vectores que forman B son linealmente independientes (ya que están formados por elementos de distinto grado). Para comprobarlo de manera algebraica, bastaría con escribir los coeficientes de cada vector en una matriz y ver que esta tiene rango máximo, es decir $1 = 1 + 0 \cdot x + 0 \cdot x^2 + 0 \cdot x^3$, $x = 0 + 1 \cdot x + 0 \cdot x^2 + 0 \cdot x^3$, y así sucesivamente, con lo que el rango a estudiar sería el de la matriz

$$\begin{pmatrix} 1 & 0 & 0 & 0 \\ 0 & 1 & 0 & 0 \\ 0 & 0 & 1 & 0 \\ 0 & 0 & 0 & 1 \end{pmatrix},$$

que tiene claramente rango cuatro. Aclaramos que también puede probarse que los elementos de B son linealmente independientes a partir de la propia definición de independencia lineal, esto es que la solución al sistema que se obtiene de

$$\lambda_0 \cdot 1 + \lambda_1 \cdot x + \lambda_2 \cdot x^2 + \lambda_3 \cdot x^3 = 0$$

es únicamente la solución trivial. Por lo tanto, B es una base del espacio vectorial de los polinomios de grado menor o igual que tres, y dicho espacio tiene dimensión cuatro.

Para ver que B' es base usaremos el siguiente resultado, el cual nos será muy útil en los ejercicios sobre espacios vectoriales: *Sea V un espacio vectorial de dimensión n. Entonces, n vectores linealmente independientes de V son siempre generador y, por tanto, forman una base.*

Así, la matriz asociada a los elementos de B' será

$$\begin{pmatrix} 1 & 0 & 0 & 0 \\ 1 & 1 & 0 & 0 \\ 1 & 0 & 1 & 0 \\ 1 & 0 & 0 & 1 \end{pmatrix},$$

que tiene claramente rango cuatro, luego, tenemos cuatro vectores linealmente independientes en un espacio de dimensión 4, por lo tanto, forman una base. Hallamos a continuación las coordenadas del vector $(x+1)^3 = x^3 + 3x^2 + 3x + 1$ respecto de la base B'. Dichas coordenadas serán la solución del sistema que se obtiene a partir de la siguiente ecuación

$$x^3 + 3x^2 + 3x + 1 = \lambda_0 1 + \lambda_1 (1+x) + \lambda_2 (1+x^2) + \lambda_3 (1+x^3) \implies$$

$$\implies \begin{cases} \lambda_0 + \lambda_1 + \lambda_2 + \lambda_3 = 1 \\ \lambda_1 = 3 \\ \lambda_2 = 3 \\ \lambda_3 = 1. \end{cases}$$

Luego $\lambda_0 = -6$, con lo que nos quedaría

$$(x+1)^3 = (-6, 3, 3, 1)_{B'}.$$

Solución 6.2

$a)$ Sabemos que $\mathbb{R}^2$ tiene dimensión 2, por lo que dos vectores formarán base siempre que éstos sean linealmente independientes. Para ello, basta con que la matriz que forman tenga rango igual a 2, en nuestro caso

$$\begin{vmatrix} a & b \\ c & d \end{vmatrix} = ad - bc \neq 0 \iff ad \neq bc \iff a/c \neq b/d,$$

que es precisamente la hipótesis que nos da el enunciado del ejercicio.

$b)$ Repasando la parte de teoría correspondiente a cambios de bases (y que se verá en los siguientes capítulos, por lo que tras su repaso recomendamos al lector que vuelva a este ejercicio para terminar su comprensión), se tiene que dadas dos bases $B = \{b_1, b_2\}$ y $B' = \{b'_1, b'_2\}$ (donde tomaremos como incógnitas $b'_1 = (a, b)$ y $b'_2 = (c, d)$) y A la matriz de cambio de base de B a B', de manera que la ecuación de cambio de las coordenadas de un vector X de una base a otra, en forma matricial, es $X_{B'} = A \cdot X_B$. Sabemos, que para calcular esta matriz A hay que hallar las coordenadas de los vectores de la base de la que partimos en la base nueva, en nuestro caso, habrá que hallar las coordenadas de b_1 y b_2 en B, de modo que $A = (b_{1\,B'} | b_{2\,B'})$.

$$\begin{cases} b_1 = a_{11}b'_1 + a_{21}b'_2 \\ b_2 = a_{12}b'_1 + a_{22}b'_2 \end{cases} \Longleftrightarrow \begin{cases} (5,3) = 1(a, b) + 3(c, d) \\ (2,4) = 1(a, b) + 4(c, d) \end{cases} \Rightarrow$$

$$\Rightarrow \begin{cases} 5 = a + 3c \\ 3 = b + 3d \\ 2 = a + 4c \\ 4 = b + 4d \end{cases}.$$

que, solucionando el último sistema, nos quedaría $a = 14$, $b = 0$, $c = -3$ y $d = 1$, es decir, $B' = \{(14, 0), (-3, 1)\}$.

Solución 6.3

Recordamos que los subespacios vectoriales no vacíos se pueden caracterizar siendo cerrados para la suma de vectores y multiplicación por escalares, es decir, dado un $\mathbb{K}$-espacio vectorial V, se tiene que un subconjunto no vacío, $\emptyset \neq W \subseteq V$ es $\mathbb{K}$-subespacio vectorial si y sólo si para cualesquiera $v, w \in W$ y $\lambda, \mu \in \mathbb{K}$ se verifica que $\lambda v + \mu w \in W$. Así, el conjunto de las soluciones de un sistema homogéneo con tres incógnitas se puede describir de la siguiente forma

$$W = \{(x, y, z) \in \mathbb{R}^3 : Ax + By + Cz = 0\},$$

que claramente es un subconjunto de $\mathbb{R}^3$ no vacío, ya que siempre tiene a la solución trivial $(0,0,0) \in W$. Ahora bien, sean $\lambda, \mu \in \mathbb{R}$ y $w_1, w_2 \in W$, entonces

$$w_1 = (x_1, y_1, z_1), \; w_2 = (x_2, y_2, z_2) \text{ tales que}$$
$$Ax_1 + By_1 + Cz_1 = 0, \;\; Ax_2 + By_2 + Cz_2 = 0.$$

Por lo tanto,

$$\lambda w_1 + \mu w_2 = (\lambda x_1 + \mu x_2, \lambda y_1 + \mu y_2, \lambda z_1 + \mu z_2).$$

Sustituyendo en nuestra ecuación, nos quedaría

$$A(\lambda x_1 + \mu x_2) + B(\lambda y_1 + \mu y_2) + C(\lambda z_1 + \mu z_2) = \lambda \underbrace{(Ax_1 + By_1 + Cz_1)}^{0} + \mu \underbrace{(Ax_2 + By_2 + Cz_2)}^{0} = 0,$$

donde en la última igualdad hemos usado que $w_1, w_2 \in W$. Con lo que quedaría probado que W es subespacio vectorial de $\mathbb{R}^3$.

De forma totalmente análoga, se prueba que el conjunto de soluciones de una ecuación homogénea con n incógnitas es un subespacio vectorial de $\mathbb{R}^n$ (en este caso, tomamos n escalares arbitrarios y n soluciones de la ecuación homogénea y usamos la misma caracterización que antes).

Solución 6.4

Recordamos que el Teorema de la Base Incompleta nos dice que dado un subconjunto S de vectores linealmente independientes en un espacio vectorial E, entonces existe una base B de E que contiene a S. Ahora bien, dado que S es subespacio vectorial de E, S se puede escribir como el grupo lineal generado por un número de vectores linealmente independientes, es decir, $S = \mathcal{L}(v_1, \ldots, v_k) = \langle \{v_1, \ldots, v_k\} \rangle^2$, con $\dim(S) = k \leq n = \dim(E)$. Por el Teorema de la Base Incompleta, existen $n - k$ vectores linealmente independientes, $w_1, \ldots, w_{n-k}$, de forma que $B = \{v_1, \ldots, v_k, w_1, \ldots, w_{n-k}\}$ es una base de E. Por otra parte, al estar trabajando con

---

²Que no se confunda el lector, la igualdad se tiene porque es simplemente un cambio de notación, pero representan el mismo concepto.

espacios vectoriales, podemos afirmar que una base de $E \setminus S$ es precisamente $\{w_1, \ldots, w_{n-k}\}$ (basta con quitar los vectores linealmente independientes que generan el subespacio S), por tanto:

$$\dim(E \setminus S) = \#\{w_1, \ldots, w_{n-k}\} = n - k = \dim(E) - \dim(S).$$

Solución 6.5

a) Para este ejercicio, usaremos la matriz

$$A = \begin{pmatrix} 1 & -2 & 0 & 1 & 3 \\ 2 & 3 & -1 & 0 & 0 \\ 3 & 1 & -1 & 1 & 3 \end{pmatrix},$$

que tiene rango dos, ya que $\begin{vmatrix} 1 & -2 \\ 2 & 3 \end{vmatrix} \neq 0$ y la tercera fila es combinación lineal de las dos primeras.

b) Tenemos cinco vectores de $\mathbb{R}^3$, a saber

$$v_1 = (1, 2, 3),$$
$$v_2 = (-2, 3, 1),$$
$$v_3 = (0, -1, -1),$$
$$v_4 = (1, 0, 1),$$
$$v_5 = (3, 0, 3).$$

Observamos que v_1 y v_2 son linealmente independientes y, dado que la matriz que forman, A, tiene rango dos, basta con tomar dos vectores linealmente independientes para considerar la variedad lineal que forman los cinco. Así, si $(x, y, z) \in \langle\{v_i,\ i = 1, \ldots, 5\}\rangle$ entonces será combinación lineal de estos dos vectores linealmente independientes, es decir,

$$(x, y, z) = \lambda_1 v_1 + \lambda_2 v_2, \quad \text{con } \lambda_1, \lambda_2 \in \mathbb{R} \iff$$

$$\Longleftrightarrow \begin{cases} x = \lambda_1 - 2\lambda_2, \\ y = 2\lambda_1 + 3\lambda_2, \quad \lambda_1, \lambda_2 \in \mathbb{R}. \\ z = 3\lambda_1 + \lambda_2, \end{cases}$$

c) Los vectores que general la variedad lineal en $\mathbb{R}^5$ en este caso son

$$w_1 = (1, -2, 0, 1, 3),$$

$$w_2 = (2, 3, -1, 0, 0),$$

$$w_3 = (3, 1, -1, 1, 3),$$

usando un razonamiento análogo al apartado anterior, trabajamos con w_1 y w_2 que son linealmente independientes, de forma que las ecuaciones paramétricas vienen dadas por

$$\begin{cases} x = \lambda_1 + 2\lambda_2, \\ y = -2\lambda_1 + 3\lambda_2, \\ z = -\lambda_2, \qquad \text{con } \lambda_1, \lambda_2 \in \mathbb{R}. \\ w = \lambda_1, \\ t = 3\lambda_1, \end{cases}$$

d) Recordamos que el número de ecuaciones implícitas para una variedad lineal dada por una matriz A dentro de un espacio de dimensión n viene dada por $n - \text{rg}(A)$, en nuestro caso $3 - 2 = 1$ (de ahí que sólo nos pidan una ecuación implícita). Si la variedad lineal estaba generada por los vectores $V = \langle (1, 2, 3), (-2, 3, 1) \rangle$, la matriz que forman tiene rango 2, por lo que si $(x, y, z) \in V$, se tiene que la matriz

$$\begin{pmatrix} x & 1 & -2 \\ y & 2 & 3 \\ z & 3 & 1 \end{pmatrix}$$

tiene que tener precisamente rango 2, es decir,

$$\begin{vmatrix} x & 1 & -2 \\ y & 2 & 3 \\ z & 3 & 1 \end{vmatrix} = 0 \iff -7x - 7y + 7z = 0 \iff x + y - z = 0,$$

siendo ésta última la ecuación implícita que define la variedad lineal.

$e)$ Para este caso tenemos una variedad lineal en $\mathbb{R}^5$ que está generada por dos vectores linealmente independientes, $\langle (1, -2, 0, 1, 3), (2, 3, -1, 0, 0) \rangle$, luego, $5 - 2 = 3$ ecuaciones implícitas. Siguiendo el mismo razonamiento que antes, la matriz

$$\begin{pmatrix} x & 1 & 2 \\ y & -2 & 3 \\ z & 0 & 1 \\ t & 1 & 0 \\ w & 3 & 0 \end{pmatrix}$$

ha de tener también rango dos, es decir, los menores de orden 3 han de tener determinante nulo, o lo que es lo mismo

$$\begin{vmatrix} x & 1 & 2 \\ y & -2 & 3 \\ z & 0 & 1 \end{vmatrix} = 0 \iff 2x + y + 7z = 0$$

$$\begin{vmatrix} x & 1 & 2 \\ y & -2 & 3 \\ t & 1 & 0 \end{vmatrix} = 0 \iff -3x + 2y + 7t = 0$$

$$\begin{vmatrix} x & 1 & 2 \\ y & -2 & 3 \\ w & 3 & 0 \end{vmatrix} = 0 \iff -9x + 6y + 7w = 0.$$

Por tanto, las ecuaciones implícitas de la variedad lineal generada por $\langle (1, -2, 0, 1, 3), (2, 3, -1, 0, 0) \rangle$ son:

$$\begin{cases} 2x + y + 7z = 0 \\ -3x + 2y + 7t = 0 \\ -9x + 6y + 7w = 0. \end{cases}$$

Solución 6.6

$a)$ Para ello, basta con calcular el rango de la matriz formada por los vectores que generan la variedad lineal, es decir, el rango de la siguiente matriz (que denotaremos de igual forma que a la variedad haciendo un poco de abuso de notación)

$$C = \begin{pmatrix} 3 & 2 & 5 & 4 \\ 6 & 3 & 6 & 3 \\ -3 & 2 & 0 & 5 \\ 6 & -1 & a & 5 \end{pmatrix}.$$

Se tiene entonces que $\det(C) = 396 - 33a = 0 \iff a = 12$. Distinguimos casos:

- Si $a = 12$, tenemos el menor

$$\begin{vmatrix} 3 & 2 & 5 \\ 6 & 3 & 6 \\ -3 & 2 & 0 \end{vmatrix} = 33 \neq 0$$

  por tanto, $\mathrm{rg}(C) = 3 = \dim(\langle C \rangle)$.

- Si $a \neq 12$, entonces $\mathrm{rg}(C) = 4 = \dim(\mathbb{R}^4)$, es decir, tenemos un subespacio vectorial de dimensión 4 dentro de un espacio vectorial de dimensión 4, por lo que C genera todo $\mathbb{R}^4$, o lo que es lo mismo, los vectores de C forman una base de $\mathbb{R}^4$.

$b)$ Para $a = 0$, la matriz que nos queda sería la siguiente

$$C = \begin{pmatrix} 3 & 2 & 5 & 4 \\ 6 & 3 & 6 & 3 \\ -3 & 2 & 0 & 5 \\ 6 & -1 & 0 & 5 \end{pmatrix}.$$

que, por el apartado anterior, sabemos que tiene rango 3. Hallemos primero las ecuaciones paramétricas. Para ello, necesitamos una base del subespacio que generan que estará formada por los vectores linealmente independientes de C, a saber, $\{(3, 2, 5, 4), (6, 3, 6, 3), (-3, 2, 0, 5)\}$. Por tanto, si $(x, y, z, t) \in \langle C \rangle$, entonces, $(x, y, z, t) = \lambda_1(3, 2, 5, 4) + \lambda_2(6, 3, 6, 3) + \lambda_3(-3, 2, 0, 5)$, de donde deducimos que las ecuaciones paramétricas asociadas son

$$\begin{cases} x = 3\lambda_1 + 6\lambda_2 - 3\lambda_3 \\ y = 2\lambda_1 + 3\lambda_2 + 2\lambda_3 \\ z = 5\lambda_1 + 6\lambda_2 \\ t = 4\lambda_1 + 3\lambda_2 + 5\lambda_3 \end{cases}, \text{ con } \lambda_1, \lambda_2, \lambda_3 \in \mathbb{R}.$$

Para calcular las ecuaciones implícitas, recordamos que el número de ecuaciones implícitas asociadas a un subespacio $W \subset V$ es igual a $\dim(V) - \dim(W)$, en nuestro caso, $4 - 3 = 1$. De nuevo, la ecuación implícita que buscamos se obtiene a partir de imponer que la matriz vista en teoría tenga rango 3, es decir,

$$\text{rg} \begin{pmatrix} x & 3 & 6 & -3 \\ y & 2 & 3 & 2 \\ z & 5 & 6 & 0 \\ t & 4 & 3 & 5 \end{pmatrix} = 3 \iff \begin{vmatrix} x & 3 & 6 & -3 \\ y & 2 & 3 & 2 \\ z & 5 & 6 & 0 \\ t & 4 & 3 & 5 \end{vmatrix} = 0 \iff$$

$$\iff -33t - 33x + 33y + 33z = 0 \iff x - y - z + t = 0,$$

siendo esta última la ecuación implícita de $\langle C \rangle$.

B.4. Ejercicios resueltos del Capítulo 7

Solución 7.1

Dado que la dimensión de $\mathbb{R}^4$ es cuatro, para que

$$B = \{(4, -4, 3, -7), (5, 3, 7, 0), (2, -1, 1, 8), (1, 4, 3, 8)\}$$

sea una base, bastará con que sean linealmente independientes. Dado que el rango de la matriz que forman es cuatro (este cálculo se deja como comprobación al lector), se garantiza la independencia lineal. Ahora bien, la matriz de cambio de base de la base B a la base canónica (recordamos que ésta es $B_0 = \{e_1, e_2, e_3, e_4\}$, siendo e_i el vector cuyas coordenadas son todo ceros, exceptuando un 1 en la posición i-ésima, $e_1 = (1, 0, 0, 0)$, $e_2 = (0, 1, 0, 0)$, etc.), será escribir cada uno de los vectores de B en la base canónica. Observamos que la matriz de cambio de base nos quedará formada por los vectores de la base B escritos como columnas, es decir,

$$M_{B \to B_0} = A = \begin{pmatrix} 4 & 5 & 2 & 1 \\ -4 & 3 & -1 & 4 \\ 3 & 7 & 1 & 3 \\ -7 & 0 & 8 & 8 \end{pmatrix}.$$

Nota B.4.1. Nótese que para calcular la matriz de cambio de base de una base arbitraria B a la base canónica (sea de la dimensión que sea), es directo, ya que consiste en escribir los vectores que forman la base pero como columnas. De esta forma, si A es la matriz de cambio de base de B a B_0, y X es un vector cualquiera, se tiene

$$X_{B_0} = A \cdot X_B.$$

De manera habitual, un vector cualquiera X será dado (por simplicidad) en coordenadas respecto de la base canónica, por lo que si hay que calcular las coordenadas de dicho vector en la base arbitraria B, basta con despejar X_B en la ecuación (B.4.1), quedando así

$$X_B = A^{-1} \cdot X_{B_0}.$$

Se deja a elección del lector la elección de calcular la inversa de la matriz A o bien resolver el sistema de ecuaciones que se obtiene de forma teórica para calcular una matriz de cambio de base.

Solución 7.2

Observamos que la aplicación $D : P_n(x) \longrightarrow P_n(x)$ derivada está bien definida, ya que la derivada de un polinomio tiene un grado menor que éste. De forma explícita, dado un polinomio $a_0 + a_1x + a_2x^2 + \ldots + a_nx^n =: p(x) \in P_n(X)$, se tiene que $D(p(x)) = a_1 + 2a_2x + \ldots + na_nx^{n-1}$, o lo que es lo mismo,

$$D : P_n(x) \longrightarrow P_n(x)$$

$$p(x) = \sum_{i=0}^{n} a_ix^i \longmapsto D(p(x)) = \sum_{i=0}^{n} ia_ix^{i-1}.$$

Según un resultado visto en teoría, una aplicación $f : V \to W$ entre $\mathbb{K}$-espacios vectoriales es lineal si y sólo si $f(\lambda u + \mu v) = \lambda f(u) + \mu f(v)$ para cualesquiera $u, v \in V$, $\lambda, \mu \in \mathbb{K}$. Veamos que D satisface esta condición: sean $p(x), q(x) \in P_n(x)$ (éstos serán los que harán el papel de u, v), y los escalares $\lambda, \mu \in \mathbb{R}$ ($\mathbb{R}$ es el cuerpo $\mathbb{K}$ de escalares según el enunciado), entonces

$$D(\lambda p(x) + \mu q(x)) = D\left(\lambda \sum_{i=0}^{n} a_ix^i + \mu \sum_{j=0}^{n} b_jx^j\right) = D\left(\sum_{i=0}^{n} \lambda a_ix^i + \sum_{j=0}^{n} \mu b_jx^j\right)$$

$$\stackrel{(1)}{=} D\left(\sum_{i=0}^{n} \lambda a_ix^i\right) + D\left(\sum_{j=0}^{n} \mu b_jx^j\right) \stackrel{(2)}{=} \left(\sum_{i=0}^{n} i\lambda a_ix^{i-1}\right) + \left(\sum_{j=0}^{n} j\mu b_jx^{j-1}\right)$$

$$= \lambda \left(\sum_{i=0}^{n} ia_ix^{i-1}\right) + \mu \left(\sum_{j=0}^{n} jb_jx^{j-1}\right) \stackrel{(2)}{=} \lambda D(p(x)) + \mu D(q(x)),$$

donde en (1) hemos usado la linealidad de la derivada con respecto a la suma y en (2), la propia definición de derivada. Por lo tanto, la aplicación D es lineal.

Para el caso $n = 3$, recordamos que la base canónica de $P_3(x)$ es $B = \{1, x, x^2, x^3\}$. Para hallar la forma matricial de la aplicación lineal D, calculamos las imágenes de los elementos de la base,

$$D(1) = 0, \qquad D(x) = 1$$

$$D(x^2) = 2x, \quad D(x^3) = 3x^2,$$

que en coordenadas con respecto de la base B nos quedaría

$$D(1) = (0,0,0,0), \quad D(x) = (1,0,0,0),$$

$$D(x^2) = (0,2,0,0), \quad D(x^3) = (0,0,3,0).$$

Así, denotando como D a la matriz que representa la aplicación lineal D tendríamos

$$D = \begin{pmatrix} 0 & 1 & 0 & 0 \\ 0 & 0 & 2 & 0 \\ 0 & 0 & 0 & 3 \\ 0 & 0 & 0 & 0 \end{pmatrix}.$$

Solución 7.3

Sea $f : V \longrightarrow W$ una aplicación lineal entre $\mathbb{K}$-espacios vectoriales, y sean $u, v \in V$ vectores linealmente dependientes, es decir, podemos afirmar que existen $\lambda, \mu \in \mathbb{R}$ (alguno de ellos no nulos) tales que $\lambda u + \mu v = 0$. Aplicando f a esta última identidad obtenemos $f(\lambda u + \mu v) = f(0) = 0$. Por otra parte, $f(\lambda u + \mu v) = \lambda f(u) + \mu f(v)$ siendo esta combinación lineal nula por la identidad $f(0) = 0$, es decir, $f(u)$ y $f(v)$ cumplen la definición de linealmente dependientes. Mediante un sencillo proceso de inducción (dejamos como trabajo para el lector completar estos detalles), se puede probar para un conjunto de tamaño arbitrario de vectores linealmente dependientes.

Solución 7.4

Consideramos la composición $g \circ f : E \longrightarrow G$ y sean $u, v \in E$, $\lambda, \mu \in \mathbb{K}$, entonces

$$(g \circ f)(\lambda u + \mu v) = g(f(\lambda u + \mu v)) \overset{(1)}{=} g((\lambda f(u) + \mu f(v)))$$

$$\overset{(2)}{=} \lambda g(f(u)) + \mu g(f(v)) = \lambda(g \circ f)(u) + \mu(g \circ f)(v),$$

donde en (1) hemos usado la linealidad de f y en (2), la linealidad de g y que $f(u)$, $f(v) \in F$. Teniendo en cuenta la caracterización de aplicaciones lineales, deducimos que la composición es lineal.

Recordamos que si A es la matriz de $f : E \longrightarrow F$ respecto de las bases correspondientes a los espacios entre los que funciona, entonces,

$$X' = A \cdot X,$$

con $X' \in F$ y $X \in E$ vectores columna. Aplicando a continuación $g : F \longrightarrow G$, nos quedaría

$$X'' = B \cdot X' = B \cdot A \cdot X.$$

Como el producto de matrices es asociativo, tenemos que la matriz asociada a $g \circ f$ respecto de las bases B_E y B_G es $B \cdot A$ (nótese que esto tiene sentido porque la base de F con respecto a f y a g en su forma matricial son la misma). Por último, razonamos el tamaño de las matrices: si $X \in E$ es un vector columna de tamaño m (ya que $\dim(E) = m$), y tenemos que obtener $X' \in F$ de tamaño n, la matriz A ha de tener dimensión $m \times n$ (esto se deduce de la parte de teoría en la que se deduce cómo obtener la matriz de una aplicación lineal usando las imágenes de una base); de forma análoga, $B \in \mathcal{M}_{n \times p}(\mathbb{K})$, por lo que la composición $B \times A$ tendrá tamaño $m \times p$.

Solución 7.5

a) Consideramos por ejemplo el sistema homogéneo

$$\begin{cases} 2x & +2y & -4z & = 0 \\ x & -y & & = 0 \\ & y & -z & = 0 \end{cases}$$

Calculando el determinante de la matriz de coeficientes (que es nulo), y teniendo en cuenta el menor de orden dos formado por los coeficientes de las dos primeras incógnitas en las dos últimas ecuaciones, llegamos a que el rango de la matriz de coeficientes es precisamente dos. Por tanto, nos encontramos ante un sistema compatible indeterminado uni-paramétrico. Una solución no trivial sería la $(1, 1, 1)$, por lo que el conjunto de soluciones está generado por este vector, es decir, el conjunto de soluciones del sistema homogéneo está formado por $(\lambda, \lambda, \lambda)$ con $\lambda \in \mathbb{R}$.

b) Para que la aplicación lineal tenga como núcleo el conjunto de las soluciones del sistema homogéneo, tenemos que hacer que el núcleo esté definido por las ecuaciones implícitas equivalentes (o iguales) a las que definen el sistema, es decir, $f : \mathbb{R}^3 \longrightarrow \mathbb{R}^3$

$$f(x, y, z) = (x-y, y-z, x-z) \Rightarrow \ker(f) = \{(x, y, z) \in \mathbb{R}^3 : (x-y, y-z, x-z) = (0, 0, 0)\}.$$

Es fácil comprobar que las ecuaciones que definen f son equivalentes a las del sistema homogéneo (basta con dividir entre dos la primera ecuación, y observar que se obtiene como suma de la segunda más el doble de la tercera).

c) Por último, fijando como base de $\mathbb{R}^3$ la base canónica, con una imagen de la base del dominio podemos calcular un sistema generador de la imagen (de donde nos quedaremos sólo con los vectores linealmente independientes para tener una base de la imagen).

$$\begin{cases} f(1, 0, 0) = (1, 0, 1) \\ f(0, 1, 0) = (-1, 1, 0) \\ f(0, 0, 1) = (0, -1, -1). \end{cases}$$

Si calculamos el determinante de la matriz que forman las imágenes, vemos que éste es nulo, y que podemos tomar un menor de orden dos a partir de las primeras dos filas (escritas las imágenes como columnas). Luego, una base de la imagen sería $B = \{(1, 0, 1), (-1, 1, 0)\}$, de donde deducimos que la dimensión es 2. Nótese que, dado que el kernel tenía dimensión 1, este resultado era de esperar.

Solución 7.6

Dado que B está formado por 5 vectores, bastará con que sean linealmente independientes para que formen una base. Para ello, veamos el determinante de la matriz que forman

$$\begin{vmatrix} 4 & 9 & 0 & 0 & 0 \\ 4 & 0 & 0 & 0 & 0 \\ 3 & 7 & 1 & 0 & 0 \\ 7 & 0 & 0 & 1 & 0 \\ 0 & 1 & 0 & 0 & 1 \end{vmatrix} = \begin{vmatrix} 4 & 9 & 0 & 0 \\ 4 & 0 & 0 & 0 \\ 3 & 7 & 1 & 0 \\ 7 & 0 & 0 & 1 \end{vmatrix} = \begin{vmatrix} 4 & 9 & 0 \\ 4 & 0 & 0 \\ 3 & 7 & 1 \end{vmatrix} = \begin{vmatrix} 4 & 9 \\ 4 & 0 \end{vmatrix} = -36 \neq 0,$$

donde hemos ido desarrollando varias veces por la última columna usando las propiedades de los determinantes. Por lo tanto, B es base de $\mathbb{R}^5$.

Para hallar las coordenadas de $(1,0,0,0,0)$, hay que resolver el sistema que se obtiene mediante la definición de coordenadas de un vector respecto de una base, a saber, $(1,0,0,0,0) = x(4,4,3,7,0)+y(9,0,7,0,1)+z(0,0,1,0,0,)+t(0,0,0,1,0)+w(0,0,0,0,1)$, es decir,

$$\begin{cases} 4x + 9y = 1 \\ 4x = 0 \\ 3x + 7y + z = 0 \\ 7x + t = 0 \\ y + w = 0 \end{cases}$$

de donde se deduce que $x = 0$, $t = 0$, $y = 1/9$, $w = -1/9$, $z = -7/9$. Esto nos dice que las coordenadas del vector en la base B son $(1,0,0,0,0)_B = (0, 1/9, -7/9, 0, -1/9)$. Dejamos el proceso de cálculo de coordenadas del vector $(0,1,0,0,0)$ para el lector, siendo el resultado final $(0,1,0,0,0)_B = (1/4, -1/9, 1/36, -7/4, 1/9)$.

Solución 7.7

$a)$ Algebraicamente, $N = \{(x,y) \in \mathbb{R}^2 : x + y = 0\}$. Veamos que es un subespacio: sean $v_1, v_2 \in N$, $a, b \in \mathbb{R}$, en coordenadas, $v_1 = (x_1, y_1)$, $v_2 = (x_2, y_2)$, entonces

$$av_1 + bv_2 = (ax_1, ay_1) + (bx_2, by_2) = (ax_1 + bx_2, ay_1 + by_2) \in N$$

$$\iff (ax_1 + bx_2) + (ay_1 + by_2) = 0 \iff (ax_1 + ay_1) + (bx_2 + by_2) = 0$$

$$\iff a(x_1 + y_1) + b(x_2 + y_2) = 0,$$

donde la última igualdad se tiene por estar $v_1, v_2 \in N$.

Para hallar una base, despejamos de la ecuación que han de cumplir las coordenadas de los vectores de N, es decir $x + y = 0$, o lo que es lo mismo, $x = -y$, por tanto, una base sería $B_N = \{(1, -1)\}$, concluyendo que la dimensión es 1.

b) Para obtener una base de $\mathbb{R}^2$ basta con encontrar un vector del espacio que sea linealmente independiente a $(1, -1)$, por ejemplo, $(0, 1)$.

c) La aplicación $f : \mathbb{R}^2 \rightarrow \mathbb{R}^2$ en forma matricial será $A_f := \begin{pmatrix} a_{11} & a_{12} \\ a_{21} & a_{22} \end{pmatrix}$, de manera que, para que N sea el núcleo, las entradas de la matriz han de satisfacer $A_f \begin{pmatrix} 1 \\ -1 \end{pmatrix} = \begin{pmatrix} 0 \\ 0 \end{pmatrix}$, es decir

$$a_{11} - a_{12} = 0, \quad a_{21} - a_{22} = 0,$$

por lo que $a_{11} = a_{12}$ y $a_{21} = a_{22}$. Por otra parte, f tiene que llevar al vector $(0, 1)$ a un vector no nulo (para que pueda generar la imagen), por ejemplo

$$\begin{pmatrix} a_{11} & a_{11} \\ a_{22} & a_{22} \end{pmatrix} \begin{pmatrix} 0 \\ 1 \end{pmatrix} = \begin{pmatrix} a_{11} \\ a_{22} \end{pmatrix} = \begin{pmatrix} 1 \\ 1 \end{pmatrix},$$

por lo que la matriz de f respecto de la base canónica será $\begin{pmatrix} 1 & 1 \\ 1 & 1 \end{pmatrix}$. Para escribir la matriz asociada a f respecto de otra base (B en nuestro caso), habrá que usar la matriz de cambio de base. Dado que la matriz de cambio de base de B a B_0 es $\begin{pmatrix} 1 & 0 \\ -1 & 1 \end{pmatrix}$, entonces

$$A_f \cdot M_{B \rightarrow B_0} = \begin{pmatrix} 1 & 1 \\ 1 & 1 \end{pmatrix} \begin{pmatrix} 1 & 0 \\ -1 & 1 \end{pmatrix} = \begin{pmatrix} 0 & 1 \\ 0 & 1 \end{pmatrix} = M_{f;B,B_0}.$$

d) Respecto de la base canónica la hemos calculado en el apartado anterior, siendo $\begin{pmatrix} 1 & 1 \\ 1 & 1 \end{pmatrix}$.

B.5. Ejercicios resueltos del Capítulo 9

Solución 9.1

Primero, vamos a calcular quién es A. Para ello, recordamos que se hace a través de las imágenes de una base, es decir $f : \mathbb{R}^3 \to \mathbb{R}^3$,

$$f(1,0,0) = (2,1,1), \quad f(0,1,0) = (2,3,2), \quad f(0,0,1) = (1,1,2),$$

por lo que $A = \begin{pmatrix} 2 & 2 & 1 \\ 1 & 3 & 1 \\ 1 & 2 & 2 \end{pmatrix}$. Calculamos las raíces del polinomio característico (recordamos

que el polinomio característico en la variable λ se obtiene a partir del determinante $\det(A-\lambda I)$):

$$\begin{vmatrix} 2-\lambda & 2 & 1 \\ 1 & 3-\lambda & 1 \\ 1 & 2 & 2-\lambda \end{vmatrix} = -11\lambda + 5 + 7\lambda^2 - \lambda^3 = (\lambda - 1)^2(5 - \lambda).$$

Por tanto, las raíces del polinomio característico asociado a A son $\lambda_1 = 1$ (raíz doble) y $\lambda_2 = 5$ (raíz simple). A continuación, calculamos una base para cada uno de los subespacios propios asociados a cada raíz, o lo que es lo mismo, se halla una base de las soluciones asociadas al sistema $AX = \lambda X$ para cada uno de los autovalores λ. Calculamos primero el asociado a $\lambda_1 = 1$:

$$AX = \lambda_1 X \iff (A - \lambda_1 I)X = 0 \iff \begin{pmatrix} 1 & 2 & 1 \\ 1 & 2 & 1 \\ 1 & 2 & 1 \end{pmatrix}\begin{pmatrix} x \\ y \\ z \end{pmatrix} = \begin{pmatrix} 0 \\ 0 \\ 0 \end{pmatrix},$$

de manera que el sistema a resolver estará formado por tres ecuaciones iguales, a saber, $x + 2y + z = 0$, por lo que el conjunto de soluciones biparamétrico es $x = a$, $y = b$, $z = -a - 2b$, $a, b \in \mathbb{R}$, es decir, estará generado por $\{(1,0,-1),(0,1,-2)\}$, por lo que la dimensión del subespacio asociado es 2, que coincide con la multiplicidad algebraica de la raíz $\lambda_1 = 1$. Veamos el otro subespacio V_{λ_2}, con $\lambda_2 = 5$. En este caso, el sistema que se obtiene es

$$\begin{pmatrix} -3 & 2 & 1 \\ 1 & -2 & 1 \\ 1 & 2 & -3 \end{pmatrix} \begin{pmatrix} x \\ y \\ z \end{pmatrix} = \begin{pmatrix} 0 \\ 0 \\ 0 \end{pmatrix} \iff \begin{cases} -3x + 2y + z = 0 \\ x - 2y + z = 0 \\ x + 2y - 3z = 0 \end{cases}$$

cuyas soluciones son $y = x$, $z = x$, o lo que es lo mismo, el subespacio estará generado por $\{(1, 1, 1)\}$, siendo de nuevo la multiplicidad geométrica igual a la algebraica para el autovalor λ_2. Como para todos los autovalores, las multiplicidades geométricas y algebraicas coinciden y, además, suman la dimensión de $\mathbb{R}^3$ (el espacio en el que está definido el endomorfismo), afirmamos que A es diagonalizable, es decir, es semejante a una matriz diagonal D, donde

$$D = \begin{pmatrix} 1 & 0 & 0 \\ 0 & 1 & 0 \\ 0 & 0 & 5 \end{pmatrix}$$

Solución 9.2

Que A sea una matriz diagonalizable quiere decir que $A = PDP^{-1}$, con P invertible y D matriz diagonal. Si elevamos a n esta identidad tenemos lo siguiente

$$A^n = (PDP^{-1})^n = \underbrace{(PDP^{-1})(PDP^{-1})\cdots(PDP^{-1})}_{n}$$

$$= PD(P^{-1}P)D(P^{-1}P)D\cdots P^{-1}PDP^{-1} = PD^nP^{-1},$$

donde, dado que D es matriz diagonal, D^n se puede calcular elevando cada una de las entradas de la diagonal a n, de manera que D^n sigue siendo una matriz diagonal. ¿Qué hemos probado? Que A^n es igual a P por una matriz diagonal, a saber, D^n y por P^{-1}, donde P sigue siendo matriz de paso, que es precisamente la definición de matriz diagonalizable.

Solución 9.3

Veamos cómo son las raíces del polinomio característico (dejaremos los detalles de los cálculos para el lector).

$$
\begin{vmatrix}
1-\lambda & 0 & 1 \\
0 & 1-\lambda & -2 \\
0 & 0 & 2-\lambda
\end{vmatrix} = -(\lambda-2)(\lambda-1)^2,
$$

es decir, $\lambda_1 = 2$ sería autovalor con multiplicidad algebraica 1 y $\lambda_2 = 1$ es autovalor con multiplicidad algebraica 2, además, la suma de las multiplicidades algebraicas coincide con la dimensión de la matriz que queremos diagonalizar ($1+2=3$). Pasamos a las multiplicidades geométricas:

$$
\begin{pmatrix}
-1 & 0 & 1 \\
0 & -1 & -2 \\
0 & 0 & 0
\end{pmatrix}
\begin{pmatrix} x \\ y \\ z \end{pmatrix}
=
\begin{pmatrix} 0 \\ 0 \\ 0 \end{pmatrix}
\Longleftrightarrow
\begin{cases}
-x+z = 0 \\
-y-2z = 0
\end{cases}
$$

De donde deducimos que el conjunto de soluciones son $x = z$ y $-\frac{1}{2}y = z$, con lo que una base será $\{(1, -\frac{1}{2}, 1)\}$. Por lo tanto, la multiplicidad geométrica de $\lambda_1 = 2$ es también 1.

Veamos el autovalor $\lambda_2 = 1$.

$$
\begin{pmatrix}
0 & 0 & 1 \\
0 & 0 & -2 \\
0 & 0 & 1
\end{pmatrix}
\begin{pmatrix} x \\ y \\ z \end{pmatrix}
=
\begin{pmatrix} 0 \\ 0 \\ 0 \end{pmatrix}
\Longleftrightarrow
\begin{cases}
z = 0 \\
-2z = 0 \\
z = 0
\end{cases}
$$

En este caso, la base estará generada por $\{(1,0,0),(0,1,0)\}$, coincidiendo de nuevo la multiplicidad geométrica con la algebraica, por lo que el endomorfismo será diagonalizable.

Para calcular A^{2048}, recordamos que el que una matriz sea diagonalizable se traduce en que existen una matriz diagonal D y una matriz invertible P tales que $A = PDP^{-1}$, en nuestro caso

$$D = \begin{pmatrix} 2 & 0 & 0 \\ 0 & 1 & 0 \\ 0 & 0 & 1 \end{pmatrix}, \quad P = \begin{pmatrix} 1 & 1 & 0 \\ -\frac{1}{2} & 0 & 1 \\ 1 & 0 & 0 \end{pmatrix}, \quad P^{-1} = \begin{pmatrix} 1 & 0 & 0 \\ \frac{1}{2} & 1 & 0 \\ -1 & 0 & 1 \end{pmatrix}.$$

Por lo que, apoyándonos en el ejercicio anterior,

$$A^{2048} =$$

$$= PD^{2048}P^{-1} = \begin{pmatrix} 1 & 1 & 0 \\ -\frac{1}{2} & 0 & 1 \\ 1 & 0 & 0 \end{pmatrix} \begin{pmatrix} 2^{2048} & 0 & 0 \\ 0 & 1 & 0 \\ 0 & 0 & 1 \end{pmatrix} \begin{pmatrix} 1 & 0 & 0 \\ \frac{1}{2} & 1 & 0 \\ -1 & 0 & 1 \end{pmatrix}$$

$$= \begin{pmatrix} 2^{2048} + 1 & 2 & 0 \\ -\frac{2^{2048}}{2} - 1 & 0 & 1 \\ 2^{2048} & 0 & 0 \end{pmatrix}.$$

Solución 9.4

Consideramos la matriz A diagonalizable, semejante a una matriz B. Esto quiere decir que existe una matriz regular M tal que $A = MBM^{-1}$, o lo que es lo mismo, $B = M^{-1}AM$. Puesto que A es diagonalizable, existen una matriz regular P y una matriz diagonal D tales que $A = PDP^{-1}$, que sustituyendo en la identidad obtenida a partir de la definición de matrices semejantes, nos quedaría

$$B = M^{-1}AM = M^{-1}PDP^{-1}M = M^{-1}PD(M^{-1}P)^{-1},$$

es decir, existe una matriz regular, $M^{-1}P := S$ (que lo es por ser cada una de las matrices M y P regulares) y una matriz diagonal D tales que $B = SDS^{-1}$, que es precisamente la definición de matriz diagonalizable.

Solución 9.5

a) La matriz de f respecto de las bases canónicas de $\mathbb{R}^3$ es

$$A := \begin{pmatrix} 0 & 1 & -1 \\ -1 & 2 & -1 \\ 1 & -1 & 2 \end{pmatrix}.$$

Veamos si A es diagonalizable usando el resultado visto en teoría, es decir, usando las multiplicidades geométricas y algebraicas de los correspondientes autovalores. Para ello, calculamos primero los autovalores de la matriz A:

$$|A - \lambda I| = \begin{vmatrix} -\lambda & 1 & -1 \\ -1 & 2-\lambda & -1 \\ 1 & -1 & 2-\lambda \end{vmatrix} = -\lambda^3 + 4\lambda^2 - 5\lambda + 2 = -(\lambda - 2)(\lambda - 1)^2,$$

por lo que $\lambda_1 = 2$ es autovalor con multiplicidad algebraica 1 y $\lambda_2 = 2$ es autovalor con multiplicidad algebraica 2. Calculamos una base de los subespacios propios asociados.

$$(A - \lambda_1 X) = 0 \iff \begin{pmatrix} -2 & 1 & -1 \\ -1 & 0 & -1 \\ 1 & -1 & 0 \end{pmatrix} \begin{pmatrix} x \\ y \\ z \end{pmatrix} = \begin{pmatrix} 0 \\ 0 \\ 0 \end{pmatrix} \iff \begin{cases} -2x + y - z = 0 \\ -x - z = \\ x - y = 0 \end{cases}$$

Las soluciones del sistema anterior estarán formadas por el conjunto $x = y$ y $x = -z$, y el subespacio estará generado por el vector $(1, 1, -1)$, de manera que para $\lambda_1 = 2$, la multiplicidad geométrica y algebraica coinciden. De forma totalmente análoga,

$$(A - \lambda_2 X) = 0 \iff \begin{pmatrix} -1 & 1 & -1 \\ -1 & 1 & -1 \\ 1 & -1 & 1 \end{pmatrix} \begin{pmatrix} x \\ y \\ z \end{pmatrix} = \begin{pmatrix} 0 \\ 0 \\ 0 \end{pmatrix} \iff -x + y - z = 0,$$

siendo el conjunto de las soluciones un subespacio bi-paramétrico ($z = y - x$), con lo que estaría generado por los vectores $\{(1, 0, -1), (0, 1, 1)\}$, coincidiendo de nuevo la multiplicidad geométrica con la algebraica. Por lo tanto, la matriz A es diagonalizable.

b) Puesto que nos piden un autovector, nos vale con cualquiera de los que generan los subespacios propios asociados a los autovalores, es decir, como solución de este apartado podríamos dar $(1, 1, -1)$, o bien, $(1, 0, -1)$, o bien, $(0, 1, 1)$.

Solución 9.6

Calculemos los autovectores asociados a la matriz del enunciado. Como siempre, calculamos los valores propios mediante el polinomio característico.

$$|A - \lambda I| = \begin{vmatrix} 4 - \lambda & 2 \\ 1 & 3 - \lambda \end{vmatrix} = \lambda^2 - 7\lambda + 10 = (\lambda - 5)(\lambda - 2),$$

por lo que tenemos dos valores propios distintos para un endomorfismo de $\mathbb{R}^2$, que tiene precisamente dimensión 2, así que podemos garantizar que el endomorfismo es diagonalizable. A continuación, calculamos cada uno de los vectores propios asociados a cada valor propio.

Para $\lambda_1 = 5$,

$$(A - \lambda_1 I)X = 0 \iff \begin{pmatrix} -1 & 2 \\ 1 & -2 \end{pmatrix} \begin{pmatrix} x \\ y \end{pmatrix} = \begin{pmatrix} 0 \\ 0 \end{pmatrix} \iff x - 2y = 0,$$

es decir, un autovector sería $(1, \frac{1}{2})$.

Para $\lambda_2 = 2$,

$$(A - \lambda_1 I)X = 0 \iff \begin{pmatrix} 2 & 2 \\ 1 & 1 \end{pmatrix} \begin{pmatrix} x \\ y \end{pmatrix} = \begin{pmatrix} 0 \\ 0 \end{pmatrix} \iff x + y = 0,$$

con lo que el otro autovector sería $(1, -1)$. Además, por un resultado visto en la parte de teoría, sabemos que autovectores asociados a distintos autovalores son linealmente independientes, por lo que podemos afirmar que $B = \{(1, \frac{1}{2}), (1, -1)\}$ es una base de $\mathbb{R}^2$.

Solución 9.7

Empezamos con el estudio de las raíces del polinomio característico.

$$|A - \lambda I| = \begin{vmatrix} a - \lambda & 0 & 0 \\ 2 & -1 - \lambda & 0 \\ 0 & 2b & 3 - \lambda \end{vmatrix} = a\lambda^2 - 2a\lambda - 3a - \lambda^3 + 2\lambda^2 + 3\lambda = (\lambda - 3)(\lambda + 1)(a - \lambda).$$

Podemos asegurar que si a es distinto de -1 y 3, tendremos tres valores propios distintos para una matriz de orden 3, por lo que sería diagonalizable. Además, en este caso, el valor de b no influye, por lo que si $a \notin \{-1, 3\}$, entonces A es diagonalizable para cualquier valor de $b \in \mathbb{R}$. Vamos a distinguir el resto de casos.

- Si $a = -1$. Entonces, $\lambda_1 = -1$ es autovalor con multiplicidad algebraica dos y $\lambda_2 = 3$ es autovalor con multiplicidad algebraica uno (que suman la dimensión de la matriz que queremos diagonalizar, por lo que vamos bien para usar el resultado de diagonalización de matrices visto en la parte de teoría). Si intentamos calcular los vectores propios asociados a $\lambda_1 = -1$, vemos que ocurre lo siguiente

$$(A - \lambda_1 I)X = 0 \iff \begin{pmatrix} -2 & 0 & 0 \\ 2 & -2 & 0 \\ 0 & 2b & 2 \end{pmatrix}\begin{pmatrix} x \\ y \\ z \end{pmatrix} = \begin{pmatrix} 0 \\ 0 \\ 0 \end{pmatrix} \iff \begin{cases} -2x = 0 \\ 2x - 2y = 0 \\ 2by + 2z = 0 \end{cases}$$

Dado que la única solución del sistema anterior es $x = y = z = 0$ y el vector nulo no puede ser vector propio, deducimos que la multiplicidad geométrica y la algebraica no coinciden, por lo que el caso $a = -1$, la matriz no es diagonalizable para cualquier valor de $b \in \mathbb{R}$.

- Si $a = 3$. Entonces, $\lambda_2 = 3$ es autovalor con multiplicidad algebraica 2. De nuevo, intentamos calcular los autovalores propios asociados a $\lambda_2 = 3$,

$$(A - \lambda_2 I)X = 0 \iff \begin{pmatrix} 0 & 0 & 0 \\ 2 & -4 & 0 \\ 0 & 2b & 0 \end{pmatrix}\begin{pmatrix} x \\ y \\ z \end{pmatrix} = \begin{pmatrix} 0 \\ 0 \\ 0 \end{pmatrix} \iff \begin{cases} 0 = 0 \\ 2x - 4y = 0 \\ 2by = 0 \end{cases}$$

Si observamos el sistema anterior, podemos distinguir de nuevo otros dos casos.

- Si $b \neq 0$, entonces, la única solución es $y = 0$, $x = 0$, y z puede tomar el valor que sea, es decir, un autovalor para $\lambda_2 = 3$ sería $(0, 0, 1)$, con lo que la multiplicidad geométrica es 1, que no coincide con la algebraica, por lo que tampoco sería diagonalizable.

- Si $b = 0$, entonces $x = 2y$, por lo que una base del subespacio propio asociado será $\{(1, 1/2, 0), (0, 0, 1)\}$, por lo que la multiplicidad geométrica será 2, igual a la algebraica, y en este caso, la matriz sí sería diagonalizable.

Solución 9.8

Calculamos las raíces del polinomio característico:

$$|A - \lambda I| = 0 \iff \begin{vmatrix} 3 - \lambda & -2 & 0 \\ -2 & 3 - \lambda & 0 \\ 0 & 0 & 6 - \lambda \end{vmatrix} = -\lambda^3 + 12\lambda^2 - 41\lambda + 30 = -(\lambda - 6)(\lambda - 5)(\lambda - 1),$$

podemos observar que tenemos 3 autovalores distintos, porque lo que podemos garantizar que la matriz es diagonalizable.

Tomamos por ejemplo $\lambda_1 = 1$, entonces

$$(A - \lambda_1 I)X = 0 \iff \begin{pmatrix} 2 & -2 & 0 \\ -2 & 2 & 0 \\ 0 & 0 & 5 \end{pmatrix} \begin{pmatrix} x \\ y \\ z \end{pmatrix} = \begin{pmatrix} 0 \\ 0 \\ 0 \end{pmatrix} \Rightarrow \begin{cases} 2x - 2y = 0 \\ -2x + 2y = 0 \\ 5z = 0 \end{cases}$$

Las soluciones del sistema anterior serán $x = y$, $z = 0$, por lo que un autovector para λ_1 es $(1, 1, 0)$, respondiendo así el ejercicio.

Solución 9.9

Si A y B fueran semejantes entonces han de tener el mismo polinomio característico. Además, en un ejercicio anterior hemos comprobado que una de las matrices es diagonalizable si, y solamente si, la otra también lo es.

$$|A - \lambda I| = 0 \iff \begin{vmatrix} 2 - \lambda & 0 & 0 \\ 0 & 2 - \lambda & 0 \\ 0 & -1 & -3 - \lambda \end{vmatrix} = -\lambda^3 + \lambda^2 + 8\lambda - 12 = -(\lambda - 2)^2(\lambda + 3),$$

$$|B - \lambda I| = 0 \iff \begin{vmatrix} -\lambda & -2 & -5/3 \\ 2 & 4 - \lambda & 5/3 \\ -5 & -5 & -3 - \lambda \end{vmatrix} = -\lambda^3 + \lambda^2 + 8\lambda - 12 = -(\lambda - 2)^2(\lambda + 3).$$

Por el momento, tienen el mismo polinomio característico. En caso de ser ambas diagonalizables, la idea es que si ambas son diagonalizables, se tiene que existen matrices invertibles P_1, P_2 tales que $D = P_1^{-1}AP_1 = P_2^{-1}BP_2$, ya que ambas van a diagonalizar a la misma matriz diagonal. Entonces, tomando la última identidad, tendríamos $P_2^{-1}BP_2 = P_1^{-1}AP_1$, que multiplicando por la izquierda por P_1 y por la derecha por P_1^{-1} podemos despejar A, es decir, $A = P_1 P_2^{-1}BP_2 P_1^{-1} = (P_2 P_1^{-1})^{-1} BP_2 P_1^{-1}$, de manera que la matriz de paso M tal que $A = M^{-1}BM$ sería $M := P_2 P_1^{-1}$.

Si diagonalizamos la matriz A (haciendo el mismo proceso que en los ejercicios anteriores, el cual dejamos como ejercicio de práctica para el lector), llegamos a que las multiplicidades geométricas de ambos autovalores, $\lambda_1 = 2$ (con multiplicidad algebraica 2) y $\lambda_2 = -3$ (con multiplicidad algebraica 1) son iguales a las multiplicidades algebraicas respectivas de cada autovalor, por lo que, efectivamente A es diagonalizable con

$$D = \begin{pmatrix} 2 & 0 & 0 \\ 0 & 2 & 0 \\ 0 & 0 & -3 \end{pmatrix}, \quad P_1 = \begin{pmatrix} 1 & 0 & 0 \\ 0 & 1 & 0 \\ 0 & -1/5 & 1 \end{pmatrix}.$$

Por otra parte,

$$(B - \lambda_1 I)X = 0 \iff \begin{pmatrix} -2 & -2 & -5/3 \\ 2 & 2 & 5/3 \\ -5 & -5 & -5 \end{pmatrix} \begin{pmatrix} x \\ y \\ z \end{pmatrix} = \begin{pmatrix} 0 \\ 0 \\ 0 \end{pmatrix} \Rightarrow \begin{cases} 2x + 2y + 5/3z = 0 \\ -5x - 5y - 5z = 0. \end{cases}$$

Dado que las soluciones de este sistema son $z = 0$ e $y = -x$, tendríamos que la multiplicidad geométrica para el autovalor λ_1 es 1 y no coincide con la algebraica, es decir, B no es diagonalizable, por lo que A y B no pueden ser matrices semejantes.

Solución 9.10

Seguimos el mismo proceso de diagonalización que en el resto de ejercicios.

$$|A - \lambda I| = 0 \iff \begin{vmatrix} 1-\lambda & a & a \\ -1 & 1-\lambda & -1 \\ 1 & 0 & 2-\lambda \end{vmatrix} = -\lambda^3 + 4\lambda^2 - 5\lambda + 2 = -(\lambda - 2)(\lambda - 1)^2,$$

Luego, $\lambda_1 = 2$ es autovalor con multiplicidad algebraica 1 y $\lambda_2 = 1$ es autovalor con multiplicidad algebraica 2.

$$(A - \lambda_1 I)X = 0 \iff \begin{pmatrix} -1 & a & a \\ -1 & -1 & -1 \\ 1 & 0 & 0 \end{pmatrix}\begin{pmatrix} x \\ y \\ z \end{pmatrix} = \begin{pmatrix} 0 \\ 0 \\ 0 \end{pmatrix} \Rightarrow \begin{cases} -x + ay + az = 0 \\ -x - y - z = 0 \\ x = 0 \end{cases}$$

Nótese que si $a = 0$, entonces, la primera ecuación y la tercera son equivalentes, en cuyo caso nos queda como solución $y = -z$, $x = 0$, que es la misma que si $a \neq 0$, ya que, en este caso, las que son equivalentes son la primera y la segunda porque podemos cancelar a. En ambos casos, la multiplicidad geométrica coincide con la algebraica y el autovector asociado a $\lambda_1 = 2$ es $(0, 1, -1)$. Continuamos con $\lambda_2 = 1$.

$$(A - \lambda_2 I)X = 0 \iff \begin{pmatrix} 0 & a & a \\ -1 & 0 & -1 \\ 1 & 0 & 1 \end{pmatrix}\begin{pmatrix} x \\ y \\ z \end{pmatrix} = \begin{pmatrix} 0 \\ 0 \\ 0 \end{pmatrix} \Rightarrow \begin{cases} ay + az = 0 \\ -x - z = 0 \\ x + z = 0 \end{cases}$$

En este sistema, las ecuaciones que nos quedan una vez simplificamos son $x = -z$ y $a(y + z) = 0$, por lo que si $a \neq 0$ entonces podemos simplificar, es decir $y + z = 0$, siendo $y = -z = x$ la ecuación que define el conjunto de soluciones del sistema, de modo que el

único autovector asociado es $(1, 1, -1)$, en cuyo caso, la multiplicidad geométrica sería 1, que no coincidiría con la algebraica, es decir, si $a \neq 0$, entonces la matriz A no es diagonalizable. En el otro caso, si $a = 0$, entonces, las soluciones del sistema vienen dadas por $x = -z$, con lo que una base del subespacio propio asociado es $\{(1, 0, -1), (0, 1, 0)\}$, en cuyo caso, la multiplicidad geométrica sí que coincide con la algebraica, siendo A diagonalizable si $a = 0$. Siendo más concretos, A es diagonalizable, es decir, existen una matriz D diagonal y una matriz invertible P tales que $A = PDP^{-1}$, siendo

$$D = \begin{pmatrix} 2 & 0 & 0 \\ 0 & 1 & 0 \\ 0 & 0 & 1 \end{pmatrix}, \quad P = \begin{pmatrix} 0 & 1 & 0 \\ 1 & 0 & 1 \\ -1 & -1 & 0 \end{pmatrix}, \quad P^{-1} = \begin{pmatrix} -1 & 0 & -1 \\ 1 & 0 & 0 \\ 1 & 1 & 1 \end{pmatrix}.$$

Ahora bien, usando uno de los ejercicios de esta relación, podemos asegurar que $A^n = PD^nP^{-1}$, con lo que nos quedaría

$$A^n = \begin{pmatrix} 0 & 1 & 0 \\ 1 & 0 & 1 \\ -1 & -1 & 0 \end{pmatrix} \begin{pmatrix} 2^n & 0 & 0 \\ 0 & 1 & 0 \\ 0 & 0 & 1 \end{pmatrix} \begin{pmatrix} -1 & 0 & -1 \\ 1 & 0 & 0 \\ 1 & 1 & 1 \end{pmatrix} = \begin{pmatrix} 1 & 0 & 0 \\ 1 - 2^n & 1 & 1 - 2^n \\ 2^n - 1 & 0 & 2^n \end{pmatrix}.$$

Definiciones

Resultados

Lecturas recomendadas.

- J.ARVESÚ, F. MARCELLÁN, J. SÁNCHEZ, *Problemas resueltos de Álgebra Lineal*, Paraninfo, Madrid, 2007.

- M. BARBAS REYES, D. MARÍN ARAGÓN, M.A. MORENO-FRÍAS, F.J. NAVARRO IZQUIERDO, *Más de 160 Problemas Resueltos de Álgebra Lineal*, Editorial UCA, 2018.

- J. DE BURGOS, *Álgebra Lineal*, McGraw-Hill, 1993.

- J. DE BURGOS, *Álgebra y Geometría 80 problemas útiles (2a Edición.)*, García Maroto Editores, 2010.

- B. DE DIEGO, E. GORDILLO, G. VALEIRAS, *Problemas de Álgebra Lineal*, Deimos, 1995.

- S. GROSSMAN, *Álgebra Lineal con aplicaciones*, Ed. McGraw-Hill, 2007.

- J. HOFFSTEIN, J. PIPHER, J.H. SILVERMA, *An Introduction to Mathematical Cryptography*, Springer New York, 2016.

- S. LANG, *Álgebra*, Aguilar, Madrid, 1971.

- L. MERINO, E. SANTOS, *Álgebra Lineal con métodos elementales*, Thomson, 2006.

- M.A. MORENO-FRÍAS, E. PARDO-ESPINO, *Teoría de grupos*, Editorial UCA, 2003.

- J. ROJO, *Álgebra Lineal*, Ed. McGraw-Hill, 2007.

- J.C. DEL VALLE SOTELO, *Álgebra Lineal para estudiantes de Ingeniería y Ciencias*, MacGraw-Hill, 2011.

- A. VILLA, *Problemas de Álgebra con esquemas teóricos*, Clagsa, Madrid, 1998.